火山岩储层评价技术与应用

赵志魁 王立武 单玄龙 等 著

科学出版社

北京

内 容 简 介

　我国火山岩天然气探明资源量从 2004 年开始，实现了突飞猛进式的增长，主要集中在东部的松辽盆地、西北的准噶尔盆地等几个大型火山-沉积盆地中，其中松辽盆地探明天然气储层超过 3000×10^8 m^3。松南气田是松辽盆地几个大型火山岩气藏之一，截至 2014 年年底，共获得天然气三级地质储量 537.21×10^8 m^3，可采储量 311.96×10^8 m^3。但松辽盆地火山岩气藏的勘探和开发仍处于探索和积累阶段。

　本书系统总结了国内外火山岩油气藏研究与储层预测现状，针对火山岩地震资料采用数据处理与解释一体化技术，结合地质理论对松南火山岩体进行精细刻画和有效储层的预测，形成了储层烃类检测技术并进行应用。旨在为国内外同类火山岩气藏的勘探和开发，也为火山岩气藏勘探和开发的进一步攻关提供研究和讨论的基础。

　读者对象包括院校、研究所和油田企业从事油气田勘探与开发工作的学者、专家和一线科研人员。

图书在版编目(CIP)数据

火山岩储层评价技术与应用／赵志魁等著 . —北京：科学出版社，
2020. 8

　ISBN 978-7-03-059374-0

　Ⅰ. ①火⋯　Ⅱ. ①赵⋯　Ⅲ. ①火山岩-储集层-评价　Ⅳ. ①P588. 14

　中国版本图书馆 CIP 数据核字（2018）第 251618 号

责任编辑：孟美岑　韩　鹏／责任校对：王　瑞
责任印制：肖　兴／封面设计：北京图阅盛世

科学出版社 出版

北京东黄城根北街 16 号
邮政编码：100717
http://www.sciencep.com

北京画中画印刷有限公司 印刷
科学出版社发行　各地新华书店经销

*

2020 年 8 月第　一　版　开本：787×1092　1/16
2020 年 8 月第一次印刷　印张：11 1/4
字数：272 000

定价：158. 00 元
（如有印装质量问题，我社负责调换）

主要编写人员

苗　志　　王立贤　　刘智军　　王丽丽

胡　佳　　王玉宏　　迟唤昭　　衣　健

前　言

　　我国非常规天然气资源包括火山岩气藏、致密砂岩气、煤层气、页岩气和天然气水合物等，资源量 280.6×10^{12} m^3，是常规天然气资源量的 5 倍。我国火山岩天然气探明资源量从 2004 年开始，实现了突飞猛进的增长，主要集中在东部的松辽盆地、西北的准噶尔盆地等几个大型火山-沉积盆地中，其中松辽盆地探明天然气储量超过 3000×10^8 m^3。松南气田是松辽盆地几个大型火山岩气藏之一，截至 2014 年底，共获得天然气三级地质储量 537.21×10^8 m^3，可采储量 311.96×10^8 m^3。

　　目前，火山岩气藏的勘探和开发，仍然属于世界性难题。火山岩气藏属于孔-洞-缝均发育复杂的非常规天然气藏，由于火山岩的岩性、岩相受火山喷发作用、搬运和就位条件影响，变化快，非均质性强。同生期风化淋滤作用，埋藏成岩期复杂的溶蚀、溶解、充填等成岩作用，导致储集空间类型多样，分布规律复杂。火山岩的多机构和多旋回期次构成则导致储层分布的空间局限性和叠置的复杂性，均给火山岩气藏勘探和开发造成了巨大的困难。

　　松辽盆地是具有断陷和拗陷两个发育阶段的复合盆地，断陷层发育大量火山岩充填。20 世纪 90 年代后期，随着徐深气田、长岭气田、松南气田等一系列火山岩气藏的发现，盆地深层火山岩气藏的勘探和开发逐渐展开，但火山岩气藏的开发技术仍处于探索和积累阶段。

　　本书系统总结了国内外火山岩油气藏研究与储层预测现状，针对火山岩地震资料采用数据处理与解释一体化技术，结合地质理论对松南火山岩体进行精细刻画和有效储层预测，形成了储层烃类检测技术并进行应用。旨在为国内外同类火山岩气藏的勘探和开发，也为火山岩气藏勘探和开发的进一步攻关提供研究和讨论的基础。

目　　录

第1章　国内外火山岩油气藏研究与储层预测现状

世界火山岩油气藏的勘探和开发已有一百多年的历史，目前在二十多个国家三百多个盆地或区块中发现了火山岩油气藏，但这些火山岩油气藏一般规模较小。松辽盆地火山岩油气藏自20世纪90年代发现以来，勘探也已经历20余年的时间，期间逐渐发现了几个储量万亿立方米级别的大型火山岩气藏。随着大量勘探工作的开展，从2004年开始，新增火山岩油气储量逐渐增加，对盆地火山岩的岩石学、岩相学、成藏模式、测井和地震识别的研究也取得了一系列创新成果。相对火山岩气藏勘探而言，目前开发中仍面临了一系列的困难和挑战，亟待科研人员解决。本章重点对国外和国内火山岩油气藏的勘探、开发及储层预测现状进行系统概括和总结。

1.1　国内外火山岩油气藏与储层研究现状

1.1.1　国外火山岩油气藏与储层研究现状

1.1.1.1　分布概况

世界火山岩油气藏研究始于19世纪末20世纪初。从国外储量排名前14的火山岩油气藏特征来看，气藏分布的地域性和时代性很强。地域上主要分布在环太平洋地区、环地中海地区和中亚地区。这与特定时代构造活动、盆地断陷裂谷形成和火山作用密切相关。环太平洋构造域形成时代较新，火山活动频繁，火山岩分布面积广，岛弧及弧后裂谷发育，火山岩与沉积盆地具有良好的配置关系，是全球火山岩油气藏最富集的区域。它从北美洲的美国、墨西哥、古巴，到南美洲的委内瑞拉、巴西、阿根廷，再到亚洲的中国、日本、印度尼西亚，总体呈环带状展布。晚古生代形成的古亚洲洋构造域在中亚地区分布广泛，后期被中新生代发育的陆相含油气层覆盖，形成叠合盆地，保存相对完好，具备新生古储的良好成藏条件，是全球今后火山岩油气藏的第二个有利前景区，目前已在格鲁吉亚、阿塞拜疆、乌克兰、俄罗斯、罗马尼亚、匈牙利等国家发现了古生代火山岩储层油气田。环地中海构造域位于特提斯洋的西端，构造活动与裂谷形成及火山活动具有一致性，具备火山岩油气成藏条件的有北非的埃及、利比亚、摩洛哥及中非的安哥拉等。

从表1.1中可以看出，国外含油气盆地中火山岩地质时代以中—新生代为主，包括三叠系、白垩系、古近系、新近系和第四系火山岩。如加纳火山岩油气藏储层为第四系，日本的火山岩油气藏储层为新近系，印度尼西亚和墨西哥火山岩油气藏储层为古近系，古巴火山岩油气藏储层为白垩系，阿根廷、美国、原苏联火山岩油气藏储层为三叠系、白垩系—古近系和新近系等。这些火山岩油气藏储集层岩石类型以玄武岩、花岗岩、凝灰岩和流纹岩为主。

表 1.1　国外火山岩油气藏分布及主要特征

国家	油气藏名称	发现年代	层位	岩石类型
日本	见附	1958	新近系（N）	斜长流纹角砾岩、英安熔岩
	富士川	1964	新近系（N）	安山集块岩
	吉井–东柏崎	1968	新近系（N）	斜长流纹熔岩、凝灰质角砾岩
	片贝	1960	新近系（N）	安山集块岩
	南长岗	1978	新近系（N）	流纹角砾岩
印度尼西亚	贾蒂巴朗	1969	古近系（E）	安山岩、凝灰角砾岩
古巴	哈其包尼科	1954	白垩系（K）	凝灰岩
	南科里斯塔列斯	1966	白垩系（K）	凝灰岩
	古那包	1968	白垩系（K）	火山角砾岩
墨西哥	富贝罗	1907	古近系（E）	辉长岩
阿根廷	赛罗–阿基特兰	1928	白垩系—古近系、新近系（K–N）	安山岩–安山角砾岩
	图平加托		白垩系—古近系、新近系（K–N）	凝灰岩
	帕姆帕–帕拉乌卡		三叠系（T）	流纹岩、安山岩
美国	利顿泉（得克萨斯）	1925	白垩系（K）	蛇纹岩
	雅斯特（得克萨斯）	1928	白垩系（K）	蛇纹岩
	沿岸平原（得克萨斯）	1915～1974	白垩系（K）	橄榄玄武岩等
	丹比凯亚（亚利桑那）	1969	古近系、新近系（E+N）	正长岩、粗面岩
	特拉普–斯普林（内达华）	1976	古近系、新近系（E+N）	凝灰岩
原苏联	萨姆戈里–帕塔尔祖利（格鲁吉亚）	1974～1982	古近系、新近系（E+N）	凝灰岩
	穆拉德汉雷（阿塞拜疆）	1971	白垩系—古近系、新近系（K–N）	凝灰角砾岩、安山岩
	外喀尔巴阡（乌克兰）	1982	新近系（N）	流纹–英安凝灰岩
加纳	博森泰气田	1982	第四系（Q）	落块角砾岩

注：摘自单玄龙等（2002）《火山岩与含油气盆地》

1.1.1.2　开发历史

自 1887 年在美国加利福尼亚州圣华金盆地首次发现以火山岩为储层的油气田以来，世界火山岩油气藏勘探已有 100 多年的历史。总的来说，对火山岩油气藏的认识及研究大致概括为以下四个阶段。

1）早期阶段（20 世纪 50 年代以前）

大多数火山岩油气藏都是在勘探常规油气藏时发现的。当时，相当一部分人认为火山岩含油气只是偶然现象，甚至认为它们不会有任何经济价值，因此采取忽略的态度来对待。例如，早在 1915 年美国在德克萨斯州发现一个火山岩油气藏，累计产油 744×10^4 t，但仍有人持否定态度。

2）第二阶段（20 世纪 50 年代初至 70 年代）

1953 年，委内瑞拉成功发现了拉帕斯油田，其最高单井日产量达到 1700 t，这是世界第一个有目的勘探并获得成功的火山岩油田。这一油田的发现标志着对火山岩油气藏的认识进入一个新的阶段，开始认识到在这类岩石中聚集油气并非异常现象，从而引起一定的关注，之后在美国、墨西哥、古巴、委内瑞拉、阿根廷、苏联、日本、印度尼西亚、越南等国家陆续勘探开发了多个火山岩油气藏，其中较为著名的是苏联格鲁吉亚的萨姆戈里－帕塔尔祖利凝灰岩油藏、阿塞拜疆的穆拉德汉雷安山岩及玄武岩油藏、俄罗斯的雅拉克金油藏，以及日本的吉井－东柏崎流纹岩油气藏等。但发现的火山岩油气藏的规模都较小，大多数的探明储量小于 5000×10^4 t，因此人们对火山岩并不重视，此时关注的焦点还在常规油气藏方面。

3）第三阶段（20 世纪 80 年代至 90 年代）

在西太平洋岛弧区域陆续勘探开发了多个大型的火山岩油气藏，探明地质储量超过 1×10^8 油当量的油田分别是：①贾蒂巴朗油气田（印度尼西亚），原油储量为 5.91×10^8 t、天然气储量为 850×10^8 m³；②Scott Reef 油气田（澳大利亚），原油储量为 1795×10^4 t、天然气储量为 3877×10^8 m³；③白虎油田（越南），原油储量为 1.9×10^8 t；④Suban 气田（印度尼西亚），天然气储量为 1698×10^8 m³。虽然发现了大型的火山岩油气藏，但多为局部勘探，尚未作为主要领域进行全面勘探和深入研究。全球火山岩油气储量仅占总油气储量的 1% 左右，未能引起足够的重视，火山岩油气藏的勘探潜力及分布规律没有被很好地认识，仍被认为具有偶然性（张子枢、吴邦辉，1994），火山岩油气藏研究还处于起步阶段。

4）第四阶段（2000 年以来）

进入 21 世纪之后，随着人类社会对油气资源需求的急剧增加，产量趋于稳定的常规油气资源已经不能满足日益增长的能源需求，越来越多的目光投向了非常规油气资源。火山岩油气藏作为非常规油气资源的一个重要类别，也被纳入了重点勘探开发范围。目前，中国、阿根廷、泰国和印度等国，已经将火山岩油气藏作为重点勘探开发领域，以接替日益枯竭的常规油气资源。

1.1.1.3　国外典型火山岩油气藏

以日本新潟盆地为例介绍国外典型火山岩油气藏特征。

1. 盆地概况

新潟盆地是日本最重要的含油气盆地，位于一个大型新近系盆地群的南半部，长约 700 km，宽约 80 km，沉积物厚约 6 km，是日本海在早中新世晚期扩张及渐新世和第四纪持续沉降过程中发育的几个弧后盆地之一。该盆地沿本州岛西北海岸发育有 15 个陆上油田和凝析气田。到 20 世纪 60 年代末期，在中新统中还不断地发现油气，储层包含裂缝式的安山质熔岩、凝灰质砂岩、凝灰岩和角砾岩，这些油田在 20 世纪 80 年代末期趋近枯竭。1984 年，发现南长冈气田，位于长冈市以西的南长冈背斜上，储层为中新统流纹岩。

2. 储层性质

新潟盆地的油气位于新近系的砂岩、凝灰质砂岩和火山岩储层中。最老的储层位于下–中中新统七谷组。

在新潟盆地，下七谷组厚 380 ~ 1000 m。包括砾岩和砂岩，上覆水下的流纹岩层序、英安岩、安山质熔岩、集块岩和凝灰角砾岩、玄武岩。由于该盆地的凝灰岩呈绿色，因此以绿色凝灰岩闻名，广泛分布在日本其他盆地。南长冈气田的六个产气区都和七谷组地层有关，每一个产气区都是一个单独的火山体。流纹岩也根据岩相特征被分为 A–D 四个单元。七谷组的火山岩储层以南长冈气田最为典型，包括复杂的流纹岩（A–D）和安山岩层系。由于热液蚀变，加之大部分流纹岩含有成岩绢云母、钠长石、石英和白云石，火山岩储层被强烈蚀变。流纹岩中一些孔洞内的方铅矿、黄铁矿表明成矿溶解来自深层岩浆体。

七谷组火山岩的总有效孔隙度为 15% ~ 20%，最好的储集岩是枕状角砾岩和熔岩。虽然原生孔隙是粒间孔和晶间孔，但是中等和微小尺寸的孔洞在总孔隙中扮演重要角色。南长冈气田的孔洞直径是几毫米，布满自生石英和钠长石，自生矿物的晶体之间有直径为 10 μm 的微孔隙。由于在热液蚀变期间被自生石英交代，玻质流纹岩 C 发育有晶洞和微孔隙。而流纹岩 A 的自生绢云母含量高，通常储层物性差。角砾岩和熔岩席的渗透率为 0.1 ~ 10 mD（1 mD＝1×10^{-3} μm^2），玻质碎屑岩的渗透率小于 0.1 mD。

一般情况下，基质原生孔隙的渗透率太低而不能提供足够的产能，产能主要取决于微小的次生裂缝。七谷组火山岩的裂缝发育在熔岩和枕状角砾岩中，成因为海水的快速冷却作用，也可能受到上新世—更新世的构造活动作用。在南长冈气田，一些裂隙因压实和重结晶等共同作用而封闭。

3. 构造与圈闭

新潟盆地的含油气范围长约 150 km，宽约 30 km，产层深 50 ~ 5000 m，大多分布在背斜之下。北北东走向的逆冲断层群形成于晚上新世—更新世的挤压作用。它们通常不对称，在东部或西部侧翼上产状垂直，局部发育有北东走向的正断层。浅层总体构造与深层不同，油气有可能形成于上七谷组或寺泊组的泥岩。深部的下–中中新统七谷组储层被描述为地垒断块，形成于中中新世，发育有大量的熔岩和火山碎屑沉积，之后被埋藏而形成圈闭。

盆地内许多油田沿大背斜分布，形成西部、中部和东部含油气带。西部含油带包括位于椎谷背斜上的西山油田，中部含油带位于 Oginojo 背斜，包括东柏崎气田、吉井气田和妙法气田，东部含油带位于东山和新津背斜，包括东山和新津油田。其他油田位于这些大背斜之间，如见附油田、片贝油田和南长冈油田。基本上每个背斜内都有一个含油气圈闭，由上覆泥岩或孔隙发育不好的凝灰岩封盖。石油一般发现于较新的地层，而凝析气多数发现于最老的七谷组地层。

1.1.2　国内火山岩油气藏与储层研究现状

1.1.2.1　中国火山岩分布特征

中国盆地火山岩分布广泛，东起渤海湾盆地，西达新疆准噶尔盆地，南起广东的三水盆地，经四川周公山盆地、苏北盆地、汉江盆地、内蒙古的二连盆地，北至松辽盆地，均有火山岩分布，岩性从酸性到基性均有发育。

20世纪80年代以来，中国各大油田均不同程度地发现火山岩油气藏，并已开采油气。中-新生代陆相油气盆地中火山岩储层和油气藏更为发育，除中-新生代火山岩油气藏，还发育古生代火山岩油气藏。新生代火山岩油气藏以渤海湾盆地为代表，中生代火山岩气藏以松辽盆地为代表，古生代火山岩油气藏以准噶尔盆地、三塘湖盆地、四川盆地周公山为代表（表1.2）。

表1.2　国内含油气盆地火山岩储层分布情况简表

分布地区		层位		储集岩岩性特征
		系/统	组段/代号	
渤海湾盆地济阳拗陷	惠民凹陷	中新统	馆陶组（N）	橄榄玄武岩
	东营凹陷			
	惠民凹陷	渐新统—始新统	沙一段（E_3s_1）	气孔杏仁玄武岩（水下喷发）
	东营凹陷			玄武岩、安山玄武岩、玄武质火山角砾岩
	沾化凹陷		沙河街组	沙二、三段（E_2s_{2-3}）	岩球、岩枕状玄武岩，气孔玄武岩（水下喷发）
	惠民凹陷			沙三段（E_2s_3）	橄榄玄武岩
	沾化凹陷		沙四段（E_2s_4）	玄武岩、玄武安山岩、玄武质火山角砾岩和凝灰岩
	潍北凹陷	古新统	孔店组（$E_{1-2}k$）	
渤海湾盆地黄骅拗陷		渐新统 始新统 古新统	东营组（E_3d） 沙河街组（$E_{1-3}s$） 房身泡组（$E_{1-2}f$）	玄武岩、安山岩
苏北盆地 东台拗陷、 高邮凹陷		中新统 渐新统	盐城群一段（Ny_1） 三朵组（E_3s）	灰黑、灰绿、灰紫色玄武岩
江汉盆地 江陵凹陷		始新统	荆沙组（E_2j） 新沟咀组（E_2x）	灰黑、灰绿、灰紫色玄武岩
渤海湾盆地北段下辽河盆地的东部凹陷		渐新统 始新统 古新统 上白垩统	东营组（E_3d） 沙河街组（$E_{1-3}s$） 房身泡组（$E_{1-2}f$）	粗面岩、玄武岩、安山玄武岩

分布地区	层位		储集岩岩性特征
	系/统	组段/代号	
银根盆地	下白垩统	苏红组（K₁s）	暗色玄武岩、安山岩为主夹火山角砾岩和凝灰岩
松辽盆地徐家围子断陷、齐家古龙断陷、长岭断陷	下白垩统	营城组（K₁y）	营一段流纹岩为主，营三段流纹岩与玄武岩互层
	上侏罗统	火石岭组（J₃h）	安山岩为主
二连盆地	上侏罗统	兴安岭群（J₃x）	暗色玄武岩、安山岩、浅灰色流纹岩、粗面岩和火山碎屑岩
	上侏罗统	兴安岭群（J₃x）	
海拉尔盆地	三叠系	布达特群（T₃b）	蚀变或浅变质中基性火山岩
四川盆地周公山	二叠系	P	玄武岩
三塘湖盆地	二叠系	P	玄武岩、安山岩、英安岩、流纹岩、火山角砾岩、凝灰岩
准噶尔盆地西北缘	石炭系	C	碎屑蚀变玄武岩类、火山角砾岩类、玄武岩类、凝灰岩类

1.1.2.2 勘探和开发程度

1. 勘探开发历史

中国沉积盆地火山岩油气藏于 1957 年首次在准噶尔盆地西北缘发现，已历经六十余年。目前在渤海湾、松辽、准噶尔、二连、三塘湖等 11 个含油气盆地发现了油气藏。

中国火山岩油气勘探大致经历了三个阶段：

（1）偶然发现阶段（1957～1990 年）：主要集中在准噶尔盆地西北缘和渤海湾盆地辽河、济阳等拗陷。

（2）局部勘探阶段（1990～2002 年）：随着地质认识的不断提高和勘探技术的不断进步，开始在渤海湾和准噶尔等盆地个别地区开展针对性勘探。

（3）全面勘探阶段（2002 年以后）：在渤海湾、松辽、准噶尔等盆地全面开展了火山岩油气藏的勘探部署，取得了重大进展和突破，累计探明储量已达数亿吨油和数万亿立方米天然气。

2. 勘探现状

2002 年来，我国火山岩油气藏勘探得到突飞猛进的发展，探明油气储量逐年递增（图 1.1）。徐家围子断陷和长岭断陷中已探明的火山岩天然气储量超过 $3000×10^8 m^3$，具有相似地质条件可望有所突破的断陷还有多个。地质评价结果表明，松辽盆地深层天然气资源量达 $11161×10^8 m^3$。海拉尔盆地目前已经探明石油地质储量 $8000×10^4 t$，油气主要分布在不达特群浅变质火山岩、白垩系兴安岭群塔木兰沟组、铜钵庙组和南屯组火山-沉积地层中。辽河油田东部凹陷中发现以火山岩油藏为主的黄沙坨油田和欧利坨子油田，截至 2004 年已经探明地质储量达 $3175×10^4 t$。渤海湾盆地济阳凹陷滨南油田储集层为古近纪火山岩，29 口井中有 5 口日产百吨以上。

此外，在二连、苏北、江汉等盆地中也发现了具有工业规模的火山岩油气藏。目前，在勘探思路上，东部众多油田在油气勘探和开发过程中已经发生从"避开"火山岩到主动寻找火山岩油气藏的重要转变。

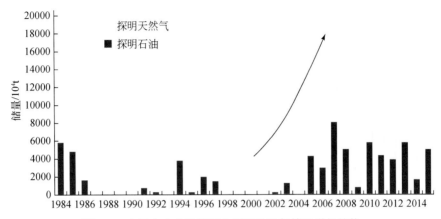

图 1.1　中国在火山岩储层中探明的油气储量增长趋势

部分摘自邹才能等（2008）《中国沉积盆地火山岩油气藏形成与分布》

3. 火山岩油气资源前景

根据第三轮全国油气资源评价结果，我国石油资源量 940×10^8 t，天然气资源量 38×10^{12} m^3。截至 2007 年，我国石油探明总量 263×10^8 t，探明率 28%；天然气探明总量 5.38×10^{12} m^3，探明率 14%，未探明资源可能有相当数量存在于火山岩中，因此盆地深层火山岩具有巨大的资源潜力。

1）东北盆地

中国东部地处环太平洋构造域，中新生代火山岩十分发育，而火山岩又是断陷层序盆地充填的主体，占断陷厚度的 50% 以上。松辽盆地断陷层序中超过 80% 的油气赋存在火山岩中。断陷盆地中的火山岩具有分布广、层系多、厚度巨大和油气资源潜力大等特点。统计资料表明，松辽盆地和渤海湾盆地的石油资源探明率不到 50%，东部海域盆地资源探明率仅为 15.5%。松辽盆地天然气资源探明率仅为 10.5%，处于天然气勘探初期。因此，中国东部的火山岩勘探还处于起步阶段，火山岩油气藏的低探明率和难以估量的资源潜力显示出我国东部中新生代盆地火山岩油气藏具有巨大的勘探潜力和广阔的勘探开发前景。

2）西部盆地

西部准噶尔、三塘湖、塔里木和吐哈等盆地历经半个多世纪的勘探开发，先后发现了四十余个火山岩油气藏。与中国东部盆地相比，西部晚古生代盆地是经历了中新生代改造的残余盆地，火山岩遍布盆内和盆缘。勘探结果证实，盆内和盆缘的火山岩都具有良好的成储和成藏条件，准噶尔盆地的西北缘、腹部和东部均有大规模火山岩油气发现。现有研究表明，西部火山岩油气勘探潜力可能更大。

在分析西部和东部主要含火山岩盆地潜力的基础后，可以预测，在今后几年内中国火山岩油气藏将进入快速发现和开发阶段。

1.1.2.3 国内典型火山岩气藏开发

松辽盆地北部徐家围子断陷庆深气田是我国第一个大型火山岩气田，在开发过程中发现，火山岩气藏较常规沉积岩气藏无论在岩性、储层和气水关系上均复杂得多，缺乏相应的开发技术和配套工程工艺设施，开发难度很大。

1. 火山岩气藏开发难度大

1）产能分布复杂，单井产量差异大

火山岩油气藏在平面上含油气不均匀，造成各油气藏间产能差异很大，而且同一油气藏不同部位，甚至相同部位的不同生产井产能也相差悬殊。

2）气藏水分布规律复杂，不同井的含水率差异大

如松辽盆地营城组火山岩气藏气水关系在总体上相当复杂。平面上气水系统的分布主要受火山岩体控制，不同的火山岩体相互之间不连通，属于不同的气水系统；而纵向上，在同一个火山岩体内，又发育多个气水系统。处于构造高部位、物性好、裂缝发育的储层则富气高产；在构造相对较低部位由于岩性、断层、物性等因素影响，在局部也可形成气层。

3）井间干扰严重

火山岩气藏的裂缝系统保证了储层具有较高的导流能力，使不同距离的生产井之间水动力关系密切，也造成井间干扰较为严重，几乎每个火山岩气藏都存在这一问题，即使井距很大也不例外。井间干扰出现时间与干扰的严重程度与下列因素有关：①相互干扰井生产井段距气水界面越近，产液量越高，干扰越严重，水淹亦越快；②加密井网也会使井间干扰加剧；③干扰严重程度与裂缝发育程度及井距密切相关。火山岩裂缝发育程度愈高，井距越近，干扰出现就愈早、愈严重；④井间干扰出现的时间与布井区地质储量、累积采出量及生产井生产时间有密切关系。地质储量越大，供油范围越大，干扰出现的时间就相对较晚，而当生产井采出程度达到一定值后，干扰就会出现。

4）气井产量递减率大

火山岩气藏在油井投产完毕，产量达到峰值以后，日产气水平即进入快速递减阶段，从未出现产量稳定的局面。气藏的整个开发过程只能划分出投产、递减、低产三个开发阶段，无法划分出注水开发油藏一般具有的高产稳产阶段。产量递减率大，无稳产期，这是裂缝性火山岩油藏最为突出的特点。分析其原因，主要有以下几点：

（1）裂缝渗流流速快、流量大，但流体补给慢。

（2）初期为弹性驱，原始压力高，能量消耗快。

（3）降压开采导致裂缝闭合，气层渗透率下降导致产能下降快，递减大。

2. 开发技术无法满足要求

1）缺乏火山岩水平井开发和控水技术

常规气田开发一般采用直井开采，但火山岩非均质性强，储层空间分布和变化不均一，需要使用水平钻井追踪火山岩有利储层，以便提高火山岩气井产能。另外水平井与直井相比具有泄气体积大、产量高、抑制水锥等特点，松辽盆地火山岩埋藏深度一般超过

2500 m，单井成本高，而采用水平井开发能够大大减少钻井数量，减少开发成本，增加效益。但采用水平井开发火山岩气藏国内外尚没有成熟的经验可以借鉴，缺乏火山岩水平井产能、储量数据，也不清楚水平井井网的部署方式和原则。火山岩控水是气藏稳产的核心，控水的关键是制定合理的单井配产方案，将采气速度控制在合理的范围之内。由于没有火山岩气藏开采经验，如何对火山岩气井进行合理控水配产，当时的开发技术也无法给出满意的答案。

2）缺乏配套工程工艺

火山岩气藏开发配套工程工艺是保证火山岩气藏能够顺利开发，完成产能建设，实现经济效益的物质基础，但当时国内还没有一套开发火山岩气藏的成熟工程工艺。火山岩的高硬度给钻井造成了很大的困难。火山岩裂缝发育，储层致密，钻井液防漏和储层保护是必须解决的难题。火山岩压裂改造需要弄清火山岩人造裂缝破裂机理和形式，对常规压裂进行改进以提高压裂效果。火山岩气藏高含量的 CO_2 会腐蚀钻井、采气设备和集输设施，同时 CO_2 的净化和环保也是当时面临的一大问题。

1.1.2.4　火山岩储层研究现状

1. 成藏特征

根据储层和圈闭形成的地质控制因素，可将火山岩油气藏分为地层油气藏、火山岩构造-岩性复合油气藏和火山岩岩性油气藏三类。

1）地层油气藏

典型的火山岩地层油气藏位于我国西北部准噶尔盆地，该盆地火山岩油气藏属于构造背景控制下长期风化形成的不整合面火山岩气藏。该区古生界火山岩受到构造抬升、风化剥蚀作用的影响，火山岩顶部风化淋滤带沿不整合面发育，油气沿不整合面富集。

2）火山岩构造-岩性复合油气藏

位于松辽盆地的松南气田为典型的构造-岩性复合火山岩气藏，构造上为一断鼻构造，气藏东界为达尔罕断裂，其他方向主要受构造等高线控制。总体上气藏具有统一的气水界面，气水界面深度为 3643 m，最大气柱高度为 260 m。构造高部位的 YS1 井气柱高度大，构造低部位的 YP1 井、YS102 井含气井段短，气柱高度小。纵向上天然气的分布又受火山岩的相带和储层岩性的控制，一般溢流相的原地熔蚀角砾岩和上部亚相的流纹岩含气较饱满，含气饱和度为 70%～80%，溢流相的中部亚相和爆发相的熔结凝灰岩物性差，束缚水饱和度高，含气性差，含气饱和度为 30%～50%。显示出火山岩岩性变化对天然气分布具有一定控制作用。

3）火山岩岩性油气藏

主要发育于中国东部裂谷盆地，近火山口储层物性好，含气性好，通过刻画火山岩期次和有利岩相，发现了寻找火山岩气藏的有效途径。通过对大庆油田安达地区火山岩期次和岩相进行刻画，识别火山口八个，有利目标区三个，实现探明储量 500 亿 m³。典型气藏解剖，揭示了酸性火山岩物性总体好于中基性火山岩，构造高部位总体好于低部位，构造高部位火山岩风化淋滤作用强烈，储层物性总体较好。

2. 储集空间类型

研究表明火山岩储集空间类型为孔隙（包括孔和洞）和裂缝，按组合特征来看有孔隙型、裂缝-孔隙型、孔隙-裂缝型和裂缝型，如松辽盆地白垩系营城组酸性岩中见丰富的裂缝-孔隙型、裂缝型储层（刘万洙、陈树民，2003）；准噶尔盆地西北缘中段石炭系火山岩中发育丰富的孔隙型、裂缝-孔隙型、孔隙-裂缝型及裂缝型储层（李军等，2008）；塔里木盆地塔河地区二叠系火山岩发育丰富的裂缝-孔隙型储层（杨金龙等，2004）；渤海湾盆地惠民凹陷火山岩储层以孔隙-裂缝型为主，在沙三段中部分层段的裂缝对储集空间的贡献可达90%（操应长，1999）。按照成因来看可划分为原生孔隙和次生孔隙，如松辽盆地兴城南部营城组火山岩储集空间中原生孔隙占41.3%，次生孔隙占58.7%（张永忠等，2009），同样准噶尔盆地陆东地区火山岩储集空间类型主要为次生孔隙和次生裂缝（王仁冲等，2009）。

3. 储层分布规律和控制因素

针对松辽盆地火山机构特征将火山机构划分为火山口-近火山口相带、近源相带和远源相带，建立了三个相带与储层物性的定量关系。发现火山口-近火山口相带储层物性最好，发育丰富的大孔隙、炸裂缝和大孔喉储层；近源相带储层物性中等，发育丰富的中等孔隙、构造裂缝和中孔喉储层；而远源相带储层物性较差，发育少量的小孔隙、构造裂缝和小孔喉储层（唐华风等，2008）。根据松辽盆地5相15亚相的分类方案，建立了火山岩岩相与储层物性的定量关系，可知火山颈亚相、热碎屑流亚相、上部亚相、内带亚相储层物性最好，为一类有利储层（王璞珺等，2006）。所以松辽盆地火山岩储层分布受火山机构-岩相控制，火山机构-岩相的叠置关系构成火山岩的地层结构，可知火山岩储层分布规律受地层结构控制。

1.2 国内外火山岩储层预测的地球物理技术

近年来，随着火山岩油气藏的勘探开发，在火山岩储层和火山岩油气藏研究方面取得了重大突破。火山岩储层的非均质性强，纵横向上的连续性差，内部结构复杂，使得火山岩储层预测具有较大困难。与碎屑岩储层相比，火山岩储层具有密度大、电阻率大、磁性强、地震传播速度快等特点，因而应用地球物理方法进行火山岩储层预测是比较有效的方法，目前国内外主要通过重磁、地球物理测井、地震等方法技术对火山岩储层分布进行识别预测。主要采取的针对性技术措施包括：风化程度分析法、岩相分析法、井约束地震储层反演法、地震属性参数分析法和利用地震相干等技术分析储层裂缝。

1.2.1 国外火山岩储层预测的地球物理技术

油气钻探表明，火山岩是油气的高产储层。火山岩油气藏相继在美国、印度尼西亚、日本、阿根廷、澳大利亚、墨西哥、联邦德国、古巴、苏联、加纳被发现（Seemann，1984；Hawlander，1990；Mathisen and Mcpherson，1991）。对于火山岩储层形成机制研究相对较早和较深入的是日本，但是描述性研究较多（朱如凯等，2010）。火山岩油气藏已成为国内外油气勘探的一个新领域，受到了油气勘探界的广泛重视。但是应用地震资料解释识别火山岩及有利储层是世界性难题。

各国火山岩勘探方法在宏观方面限于寻找火山岩体，主要应用重力勘探、磁法勘探、声频磁场法、复合道的振幅相位频率分析等，以及综合这些技术来研究地下火山岩厚度分布、岩相和物性（伊培荣等，1988）。以美国（得克萨斯州、亚利桑那州、加利福尼亚州梅德福地区、内华达州伊格尔泉油田）、日本（新潟县吉井–东柏椅气田等）和阿塞拜疆（穆腊德汉雷油田）研究为多。油气公司大多利用以上勘探技术，从几何形态方面寻找火山口，在其分布区进行钻探。但是，针对这种特殊油气藏勘探的地震储层预测方面可借鉴的东西很少。

针对火山岩储层的识别和预测方法，国外主要从以下方面进行工作：

（1）从分析上进行预测，主要根据火山岩的形成和分布受断裂构造的严格控制。

（2）利用地震剖面的反射特征进行预测，主要根据火山岩在地震剖面上具有特殊的反射结构特征。

（3）利用地球物理场进行预测，主要根据火山岩密度及磁化率较正常沉积岩大，因而可在重、磁力勘探上有所反映，重磁电综合勘探预测火山岩的区域分布特征方面卓有成效（Mitsuhata et al.，1999；Colombo et al.，2011）。

（4）利用地震方法预测火山岩，主要包括叠前、叠后反演两大类，叠前地震反演是较常用的技术方法，主要包括弹性阻抗反演、叠前 P 波阻抗和 S 波阻抗联合反演、叠前地震波形反演、角度阻抗反演、同时反演、振幅随角度变化地质统计反演（Pendrel et al.，2000；Savic et al.，2000；Dubucq et al.，2001；Luo et al.，2003；Eidsvik et al.，2004；Contreras and Torres-Verdin，2006；Hampson et al.，2005）。

随着 AVO 技术的不断发展，叠前反演正成为人们的研究热点。和叠后反演相比，叠前反演可以得到更丰富的储层信息，提高储层的描述精度。利用叠后资料进行储层预测，常用的方法包括叠后地震反演和地震属性分析等，叠后地震反演主要包括相对波阻抗反演、井约束的稀疏尖脉冲反演、基于模型的井约束反演和随机波阻抗反演，通过井约束的地震反演技术可以实现定量预测储层参数的目的，是目前在火山岩储层预测中使用最广的方法。

（5）采用层位综合标定、协调振幅、瞬时振幅等地震属性分析技术识别火山岩储层。地震属性分析包括水平切片对比分析技术、三瞬地震属性分析技术（瞬时振幅、瞬时频率和瞬时相位）、地震吸收和衰减检测技术、曲率分析、相干分析、分频、蚂蚁追踪以及多属性应用等技术（Randen et al.，1949；Lisle，1994；Marfurt et al.，1998；Bakker，2002；Pinnegar and Mansinha，2003；Marfurt，2006；Zhang et al.，2009；Sun et al.，2015）。

利用叠前地震属性分析结果，利用火山岩气藏的衰减和吸收特性，可以有效探索进行火山岩储层有利油气富集区的预测。基本出发点是：储层含气比含油和含水对地震波的吸收作用更强（包括振幅变化、频率变化和吸收系数变化）。

1.2.2　国内火山岩储层预测的地球物理技术

火山岩的高密度、高电性和强磁性使得运用重磁电等方法进行火山岩勘探具有可行性，国内外在应用重磁电综合方法进行火山岩油气藏勘探和预测都取得了良好的效果（罗静兰等，2003；杨辉等，2009；刘财等，2011）。另一方面，火成岩储层不同于沉积岩储层，在常规测井曲线上常常有特殊响应，火山岩在常规测井曲线上一般表现为"两高三低"（高电阻率、高密度、低自然伽马、低声波时差、低自然电位）的特征（黄薇等，2006；郭振华等，2006），此外，测井交会图也对岩性的识别有一定作用。如 M-N 交会图、密度–声波时差、自然伽马–密度、电阻率–声波时差和中子–密度等都有助于识别岩性。

另外，斯伦贝谢公司研发的元素俘获谱测井仪（ESC）速度较快，可通过波谱分析得到矿物成分的含量，从而识别火成岩岩性（李军等，2015）。储层的孔隙可以通过地球物理测井在一定程度上进行识别，有研究认为火山岩中的孔隙与声波时差呈正相关，与电阻率和密度测井呈负相关（刘为付等，1999），利用地球物理测井还可以一定程度识别孔隙中的流体（单玄龙等，2011；闫林辉等，2014），测井上常利用交会图图版、弹性参数、中子–密度重叠方法、视骨架密度差方法及 ECS 与核磁测井进行流体识别和气水界面确定。

此外，运用全波形及其能量衰减识别法、斯通利波时差延迟及反射系数指示裂缝法、常规组合测井曲线识别法、自然伽马能谱判断裂缝有效性、地层倾角测井资料识别方法、成像测井等方法不仅可以识别火山岩储层的裂缝，定量地研究裂缝发育程度（张庆国和卢颖忠，1995；陈钢花等，1999；赵海燕，2000；舒萍等，2007；王拥军等，2007；陈力群等，2008），还可以利用 FMI 孔隙频谱分析技术对储层的孔隙度进行研究（吴兴能等，2008；张程恩等，2011）。测井上还可以利用孔隙度模型、渗透率模型和含水饱和度模型进行火山岩储层定量评价。

地震方法是目前比较有效的火山岩储层预测方法，我国学者在火山岩储层地震预测方面做了大量的工作。庄博（1998）发现利用瞬时频率、瞬时相位、瞬时振幅等多种地震信息识别、预测火山岩储集层是可行有效的。赵立旻等（2001）在辽河青龙台地区火山岩储层预测中利用火山岩的低频、强振幅、连续的强地震反射特征识别火山岩；利用沿层振幅提取、道积分等技术预测火山岩平面形态及分布范围。张殿成等（2000）在松辽盆地汪家屯地区火山岩储层预测中，主要是根据火山岩的地震反射特征（包括顶面反射特征、内部反射结构特征）、水平切片上火山岩的反射特征识别火山岩。李彦民等（2002）和刘启等（2005）提出采用 BP 神经网络递推算法或利用宽带约束波阻抗和能量梯度变化来预测火山岩储集层厚度的方法。

一些学者利用地震属性分析、地震反演、含油气性检测等方法技术在预测火山岩储集层分布范围和储集层孔隙度等方面取得了良好的应用效果（李明和吴海波，2002；黄薇等，2006；唐华风等，2009；姜传金等，2010；张芝铭等，2015）。唐华风等（2007）根据火山机构的内部结构和构造不随火山锥体形状的变化而改变的特征，利用倾角和相干属性仍然可以识别遭受严重剥蚀的隐伏火山机构。姜传金等（2010）根据井-震联合储层反演和地震衰减属性的含气性检测，有利储层预测结果与后期钻探结果对比符合率达到75%。应用叠前、叠后联合裂缝预测技术，郭彦民等（2016）成功预测了陆西凹陷中生代火山岩储层的裂缝发育密度和方向。

第2章 松辽盆地南部火山岩气藏

松南气田及其外围工区处在长岭断陷东部，油气资源十分丰富，下面以松南气田为例进行阐述。

2.1 松辽盆地南部火山岩气藏勘探现状

2.1.1 勘探历程

松南地区地质调查工作始于1959年，油气勘探始于20世纪80年代之后，大致可划分为五个阶段。

第一阶段：1980～1995年，普查勘探阶段。

完成了1∶20万重力、航磁测量，地震测网密度（8×8）km或（8×4）km、六次叠加模拟二维地震资料，针对上部拗陷钻探了一批石油探井。

第二阶段：1996～2000年，区带评价阶段。

1996年中国石油化工集团公司华东分公司根据地质矿产部的部署，进入松南开展油气普查勘探。通过选区评价研究，选定长岭断陷作为主攻目标，主要成果是分析认为长岭断陷层系具有天然气"封存箱"成藏的有利条件，长岭拗陷层系则具有石油"二次运移"成藏的有利条件。

在这期间完成了二维地震测网密度（2×4）km至（1×2）km，初步查清了断陷层系区域构造格局、油气生储盖条件，并在长岭断陷深层达尔罕构造DB11井营城组火成岩发现良好天然气显示，测试获日产6000～20000 m³低产气流，提交达尔罕构造营城组气藏天然气预测储量289.63×10⁸ m³。在双龙构造带泉头组及登娄库组获得工业气流，提交天然气控制储量21.24×10⁸ m³。与此同时吉林油田在断陷盆地盆缘双坨子构造发现了泉头组小型次生气藏。

第三阶段：2001～2005年，目标评价阶段。

在长岭地区腰英台至达尔罕区带完成了420 km²三维地震，在拗陷层发现了整装连片的大中型油气田——腰英台油田，三级储量7246×10⁴ t油当量；在断陷层落实和评价出一系列大型基底隆起、地层超覆尖灭、火成岩体三位一体的复合圈闭，并初步形成了断陷层深层目标勘探评价体系。

第四阶段：2005～2006年，勘探突破阶段。

通过对达尔罕构造带的进一步论证，部署了YS1井，经东北新区项目管理部实施，于2006年6月在营城组火山岩气藏试获天然气无阻流量30×10⁸ m³/d，单井控制的动态储量10.55×10⁸ m³，松南大型火山岩气田正式发现。

第五阶段：2006～2007 年，展开勘探及开发准备阶段。

向 YS1 井南、北部构造低部位各甩开部署了 YS101、YS102 井两口探井，主要目的是探索松南气田的天然气分布规律。针对三口探井完成了 ECS 元素俘获谱测井、CMR 核磁共振测井、DSI 偶极横波成像测井、HRLA 阵列侧向电阻率测井和 FMI 微电阻率扫描成像测井。主要应用于岩性划分（ECS 的应用）、物性分析（CMR 的应用）、裂缝和孔隙发育分析（DSI、FMI 的应用）和渗透率计算（CMR 孔隙分类法）、气层识别以及饱和度计算（CMR 饱和度和 ELANPLUS 饱和度计算）。三口井在主要目的层取心，取心总进尺 100 m，岩心总长 97 m，平均收获率 97%，其中油斑以上岩心长 42.57 m，含气岩心占总岩心的 44%。

部署在 YS1 井南部 1.88 km 的 YS101 井，上部火山岩 3745.5～3764.6 m 井段射孔后常规测试，采用 6.9 mm 油嘴获得日产 12.93×10^4 m^3 的工业气流，无阻流量 34.0×10^4 m^3/d。部署在 YS1 井北部 2.45 km 的 YS102 井，第一测试层下部火山岩 3813.0～3815.0 m 井段，日产水 3.48 m^3；第二测试层上部火山岩 3773.5～3792.0 m 井段射孔后常规测试，采用 5 mm 油嘴获得日产 1.88×10^4 m^3 的工业气流；第三测试层上部火山岩 3707.0～3726.0 m 井段射孔后常规测试，日产气 2727 m^3，水力加砂压裂后测试，6 mm 油嘴气产量 7.47×10^4 m^3/d，油压 23.2 MPa，套压 23 MPa。

三口探井的钻探展现出 YS1 井构造带营城组火山岩储层大面积连片、普遍含气的场面。在松南气田勘探取得突破的同时，开发工作也及时介入。在气藏描述的基础上，在 YS1 井区块部署完成一口水平开发井（YP1 井），初步测试计算无阻流量 195×10^4 m^3。为整体开发奠定基础。

2.1.2　松南气田勘探开发现状

松南气田位于长春市西北约 170 km，长岭县以北约 45 km 处的前郭县查干花乡腰英台村。构造位置处于松辽盆地长岭断陷达尔罕断凸带腰英台深层构造上。

2007 年年底向全国矿产储量委员会提交天然气探明叠合含气面积 16.83 km^2，地质储量 433.60×10^8 m^3，技术可采储量 260.16×10^8 m^3。

截至 2014 年 7 月底，共钻开发井 10 口，年产 3.30 亿 m^3，累产气 24.12 亿 m^3，日产气 116 万 m^3，采气速度 2.39%，采出程度 13.63%。目前日产气量 115 万 m^3，油压 16.72 MPa，水气比 1.43。

松南气田外围断陷长岭断陷位于松辽盆地中部断陷区南部，面积约 7240 km^2，断陷期沉积层最大埋深 9000 m 左右，其内营城组火山岩具有良好的油气成藏条件。2006 年中国石油化工集团公司在腰英台深层构造上部署钻探的腰深 1 井，在营城组火山岩储层试获天然气无阻流量 30×10^4 m^3/d，成为松南气田营城组气藏的发现井。2008 年以后，在气田主体以外的腰深 2 井区和腰深 3 井区也获得了天然气的新突破，展示出良好的火山岩气藏勘探开发前景。

2.1.3　松南气田外围勘探和开发现状

1. 松南外围钻井及产能情况

目前，松南气田外围针对火山岩气藏已钻探井 16 口，主体分为腰深 2 井区和腰深 3 井区。腰深 2 井钻井在营城组压后测试获日产气 19.66×10^4 m^3，已提交含气面积 30.29 km^2，预测天然气地质储量 284.34×10^8 m^3，气井配产 4.5×10^4 m^3/d；2008 年腰深 3 井在营城组 3585～3610 m/25 m 井段压后测试获日产气 4.1×10^4 m^3（折合无阻流量 31.2×10^4 m^3/d），产水 72 m^3。同年提交含气面积 22.4 km^2，预测天然气地质储量 307×10^8 m^3。2009 年在斜坡低部位完钻评价井腰深 301 井，在营城组 3780～3807 m/27 m 井段压裂后最高日产气 177 m^3，产水 71 m^3，平均日产气 10^7 m^3，累产 1614 m^3。在完钻两口井的基础上，2009 年东北分公司研究院提交含气面积 11.66 km^2，探明天然气地质储量 50.44×10^8 m^3。

2. 目前的地质认识

腰深 2 井营城组上段火山岩具有喷出岩特征，而下段火山岩具有浅成侵入岩特点，营城组地层呈"三明治"夹心结构，上、下段为火山岩，中间夹沉积岩。营城组火山岩既有爆发、喷溢相，又有次火山岩相花岗斑岩。与主体区相比，地层横向变化快、接触关系更加复杂。研究区气藏受断层分割，气水关系复杂。横向上气水系统独立，纵向上存在多个气水界面；气藏类型为受火山机构控制的构造–火山岩岩性气藏。腰深 2 区块火山岩气藏规模不大，属于小型气田。综合腰深 2 井产能评价、试采分析及单井初始产量界限测算结果，在不考虑该井出水的情况下，气井配产 4.5 万 m^3/d，可基本满足收支平衡，具备开发利用的可行性。

腰深 3 井营城组发育火山岩和碎屑岩两种岩类，储层岩性主要为火山角砾凝灰岩。该区火山岩主要发育爆发相和溢流相，以爆发相沉积为主，分布范围广、厚度大。营城组上段发育一个规模较大的火山岩体，总面积达 31 km^2，分两个喷发期次，第一期岩性以熔结凝灰岩、流纹岩为主，面积 24.05 km^2；第二期岩性以熔结凝灰熔岩为主，面积 21.88 km^2。研究区气水关系复杂，横向上气水系统独立，气藏类型为受火山机构控制的构造–火山岩岩性气藏。

2.1.4　松南气田与松南气田外围火山岩的主要区别

1. 规模

松南气田由多期喷发的火山熔岩和火山碎屑岩多层叠加形成，规模较大，厚度最大处在 500 m 左右。相应的储层厚度大，储层叠加层数多，松南气田的两层高孔渗层就是多期叠加的火山岩形成。相比松南气田，松南气田查干花地区的火山岩分布面积大，但厚度较小，多数为 100～200 m，少数超过 200 m 厚。

2. 火山机构

松南气田主体火山机构较少，横向上由三个火山机构叠加形成，火山机构规模差别较大，位于中心的主火山机构规模很大，导致松南气田主力产层分布较为集中。而在查干花地区，火山机构多是沿着裂隙的串珠状分布，火山机构规模相差不大，没有主火山机构，储层较为分散。

3. 储层类型

松南气田主力产层为营城组气孔流纹岩，主要储集空间类型为原生气孔、溶蚀孔和脱玻化孔。而松南气田外围，特别是查干花拗陷，目前高产井都不是以原生气孔为储层。这些非气孔储层的稳产潜力目前还不清楚，是外围储层与松南气田主体之间的主要区别。

4. 构造类型

松南气田整体为一个火山-隆起共同作用下形成的断背斜，具有较大的含气面积。而松南气田外围多为断鼻构造，很少有完整背斜形成的圈闭。

5. 油气来源

松南气田紧邻长岭牧场次凹，临近盆地的生烃中心；而松南气田外围则离生烃中心较远，需要更加细致的油气生储条件研究。

2.2　火山岩气藏形成的地质背景

松辽盆地位于中国东北地区中部，由三个成盆期形成：①火山-断陷成盆期（J-K₁，早中侏罗统、火石岭组、沙河子组和营城组）；②挠曲-拗陷成盆期（登娄库组、泉头组、青山口组、姚家组合嫩江组）；③构造反转成盆期（四方台组、明水组，一直持续到 35 Ma）。

火山-断陷成盆期属蒙古-鄂霍茨克洋构造域，以南北向或北西-南东向挤压-伸展和断陷作用为主；挠曲-拗陷成盆期和构造反转成盆期属太平洋构造域，是太平洋板块沿着欧亚大陆东缘向欧亚大陆之下俯冲的结果；构造反转成盆期是松辽盆地构造-热事件的主期，也是盆地东缘隆升、剥蚀、盆地被改造的主期。从成盆动力学角度讲，松辽盆地是一个典型的复合成因盆地（王璞珺，2001）。松辽盆地具有断陷层和拗陷层二元结构，断陷层由 NNE 向分布的 30 余个大小不一、彼此独立的断陷湖盆构成（冯志强等，2011），总面积约 5.36×10^4 km²，约为凹陷盆地面积的二分之一，松南气田即发育在松辽盆地的长岭断陷营城组火山岩中。

2.2.1　构造单元与演化

松南气田所属的长岭断陷位于松辽盆地中央凹陷带南部，断陷面积 7240 km²，是松辽盆地最大的断陷之一。受断层控制，长岭断陷可分为三个二级构造单元和九个三级构造单元。

三个二级构造单元分别为西部陡坡带、中部洼陷带、东部缓坡带。西部陡坡带发育两个三级构造单元，分别为苏公坨断阶带和北正断阶带，苏公坨断阶带为一 NNE 走向的斜坡构造带，北正断阶带为 NW 走向的构造高带。中部洼陷带发育三个三级构造单元，分别为乾安次凹、所图低凸起、达尔罕断凸带。乾安次凹和长岭牧场次凹分别发育在长岭断陷北部和南部，断陷地层发育齐全，为长岭断陷的主要油气源区；所图低凸起为长岭断陷中部的低凸起区；达尔罕断凸带为近 SN 向的构造凸起，两侧由长岭牧场次凹、查干花次凹夹持。东部缓坡带发育三个三级构造单元，分别为查干花次凹、东岭构造和长岭牧场次凹，查干花次凹为西断东超的箕状断陷，东岭构造为后期基底抬升形成的向西倾斜的单斜斜坡。

松南气田位于长岭断陷达尔罕断凸带的北缘，属于火山-构造复合隆起，整体发育一个完整的火山-构造背斜，其东部受达尔罕深断裂控制。

2.2.2　地层序列与生储盖

2.2.2.1　基性熔岩火山地层结构

1. 基性辫状熔岩流

辫状熔岩流为横截面透镜状，空间上类似辫状河道状的熔岩流，熔岩流厚度一般较薄，三维空间交织排列。辫状熔岩流在基性岩中常见，在内蒙古满洲里呼伦湖塔木兰沟组剖面见典型的基性辫状熔岩流，熔岩流单元剖面上为透镜状，交织叠置。单元顶部表壳由喷溢相上部亚相形成的原生气孔带构成，核心为中部亚相，气孔数量较顶部少，厚度较大的流动单元中部亚相较为致密，流动单元底壳为下部亚相，由管状气孔构成（图 2.1）。

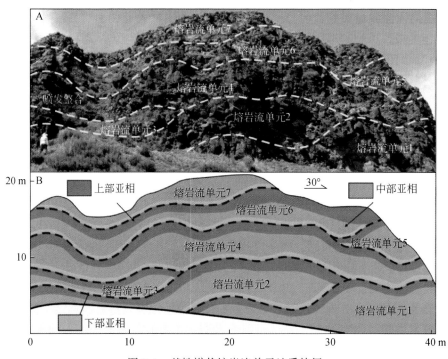

图 2.1　基性辫状熔岩流单元地质特征

A. 辫状熔岩流掌子面；B. 掌子面素描，由喷发不整合及相应整合将玄武岩地层分为多个独立的透镜状/辫状流动单元，交织叠置，流动单元上表壳由泡沫状气孔带构成，核心主要为稀疏气孔带，下表壳由底部气孔带构成。剖面位置：内蒙古满洲里呼伦湖西岸上侏罗统塔木兰沟组，$49°11'34.3''N$，$117°27'40.5''E$，$h=514\ m$

2. 基性板状熔岩流

板状熔岩流是空间上几何形态为板状或席状的熔岩流，熔岩流厚度和横向延伸均较瓣状熔岩流大。板状熔岩流在从基性到酸性的熔岩中均常见，下面介绍基性板状熔岩流的地质特征。在内蒙古满洲里呼伦湖西岸塔木兰沟组见典型的基性板状熔岩流，剖面形态为顶底界面互相平行的板状外形，空间上层层叠加。流动单元自上而下由上部亚相、中部亚相、下部亚相三个亚相构成（图 2.2），在空间上形成了不同亚相的纵向叠加。

图 2.2　基性板状熔岩流单元地质特征

A. 板状熔岩流掌子面；B. 掌子面素描。由喷发不整合及整合将该掌子面玄武岩地层分为两个独立的板状熔岩流单元，熔岩流单元 2 顶部受风化剥蚀，仅残余致密带和底部气孔带，熔岩流单元 1 从上到下依次发育泡沫状气孔带、稀疏气孔带、致密带，熔岩流底部气孔带在剖面其他部位可见

2.2.2.2　酸性熔岩火山地层结构

1. 酸性板状熔岩流

酸性板状熔岩流在野外剖面较为常见，在内蒙古满洲里呼伦湖西岸思潮上库力组剖面可见到典型的酸性板状流（图 2.3）。酸性板状熔岩流几何形态大体为板状或纵横比极小的丘状（纵横比小于 1 ∶ 20），受风化作用影响，顶部凹凸不平，如内蒙古满洲里呼伦湖思潮上库力组剖面（图 2.3A，B），熔岩流厚度在 20 m 左右，野外剖面纵横比小于 1 ∶ 50。

内蒙古满洲里呼伦湖西岸思潮上库力组剖面酸性板状熔岩流内部结构均比较简单，图 2.3 中酸性板状熔岩流由底部薄层下部亚相和厚层的中部亚相构成。下部亚相由与基质岩性相同的自碎角砾、集块及玻璃质角砾集块构成，含少量管状气孔。中部亚相由离散分布的少量气孔、石泡构成，面孔率为 5% ~ 10%，发育柱状节理和变形流纹构造，柱状节理与水平面夹角基本在 90°左右，随冷凝面的起伏产状有所变化，提示熔岩流原始形态为顶底界面基本平行的板状。

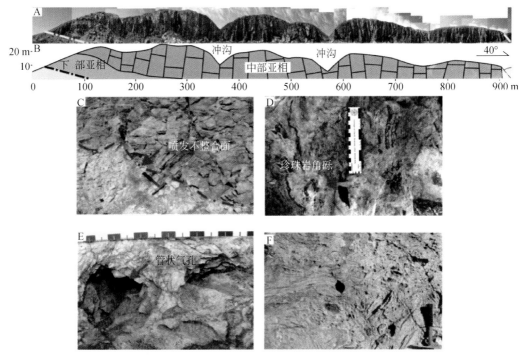

图 2.3　内蒙古满洲里呼伦湖西岸上库力组酸性板状熔岩流单元地质特征

A. 流动单元掌子面；B. 实测剖面，流动单元顶部由于剥蚀凹凸不平，但剖面总体为板状，由下部亚相和中部亚相构成，底部气孔带岩性为流纹质自碎角砾岩，包含珍珠岩集块和表壳碎块，含有少量管状气孔，稀疏气孔带岩性均一，为变形流纹构造流纹岩含气孔和石泡。剖面位置：49°18′17.6″N，117°32′52.3″E，h＝436 m；C. 喷发不整合界面，界面凹凸不平，下伏岩层为流纹质角砾熔岩，发育蚀变带；D. 底部气孔带，包含大量珍珠岩集块；E. 底部气孔带，管状气孔；F. 稀疏气孔带，具有变形流纹构造，发育气孔和石泡

2. 酸性熔岩穹丘

熔岩穹丘为一种具有大纵横比的丘状流动单元，多由黏度较高的酸性熔岩构成。松辽盆地营城组一段建组剖面为一典型的熔岩穹丘，营城组全取心浅钻井揭示了其纵向序列（图 2.4）。该熔岩穹丘自上而下由上部亚相、中部亚相和下部亚相三个相带构成。上部亚相厚度较大，厚 21 m，岩性为气孔、石泡流纹岩，原生孔隙发育，孔隙度曲线为漏斗状，顶部较为平缓，孔隙度大于 10%，最顶部孔隙度 20%左右；中部亚相由流纹构造流纹岩与气孔流纹岩交替构成，原生孔隙也较发育，孔隙度多数为 5% ~ 10%，孔隙度曲线有波动起伏；下部亚相的顶部有零星气孔发育，孔隙度小于 5%，孔隙度曲线均匀减小，向下岩性逐渐致密，原生孔隙不发育，孔隙度在 3%以下。

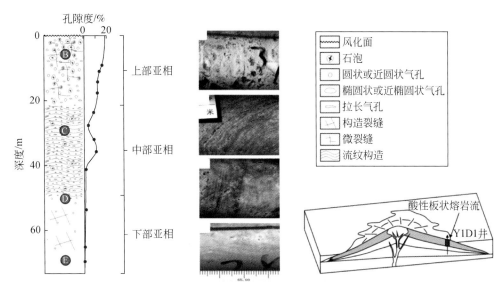

图 2.4　Y1D1 营城组剖面浅钻酸性熔岩穹丘地质特征

2.2.2.3　火山碎屑熔岩地层结构

成像测井和三维地震为刻画研究区火山碎屑熔岩火山地层单元提供了较高分辨率的资料，通过盆内井–震对比发现，研究区广泛发育的流纹质火山碎屑熔岩横向上分布较为广泛，纵向上由多个堆积单元构成（图 2.5）。

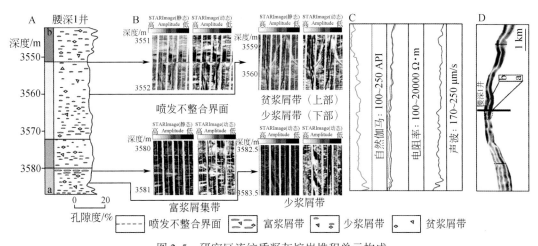

图 2.5　研究区流纹质凝灰熔岩堆积单元构成

A. 流动单元结构；B. 电阻率扫描成像测井特征；C. 常规测井特征；D. 外部形态特征

2.2.2.4　烃源岩条件分析

勘探结果表明，松南气田及外围工区产气层为营城组，而营城组火山岩气藏的主要烃源岩层位分布在下白垩统营城组二段、沙河子组、火石岭组。

1. 营城组烃源岩

营城组钻井揭示暗色泥岩厚度为 40 m 到 500 m 左右。营城组烃源岩有机碳含量为 0.24% ~ 1.51%，烃源岩已进入成熟-高成熟阶段。但由于受火山岩大量喷发的影响，被大面积披盖，可能对暗色泥岩形成起到一定的破坏作用，总体评价为中等烃源岩。

营城组暗色泥岩分布范围广，主要集中在达尔罕断裂的东部，最厚可达 500 m 左右；在达尔罕断裂的北东向，暗色泥岩的厚度分布比较均匀，都不超过 200 m。特别是在气产能较高的井附近，暗色泥岩的厚度都不高。这表明，松南气田外围气藏形成的主控因素并不是营城组烃源岩。

2. 沙河子组烃源岩

沙河子组钻井揭示暗色泥岩厚度为 80 ~ 500 m。沙河子组烃源岩有机碳含量为 0.28% ~ 3.42%，烃源岩成熟度演化处在高成熟—过成熟阶段，总体上可评价为较好的烃源岩。

沙河子组暗色泥岩的分布范围可划分为两个区域。在达尔罕断裂的北侧，沙河子组暗色泥岩的厚度明显偏高，分布范围广，最厚处可达 500 m 左右。其中，腰深 5 井气产能较高，且处在泥岩厚度较厚的区域内。而在达尔罕断裂的南侧，暗色泥岩分布的厚度和广度都不及北侧。暗色泥岩的厚度最高可达 300 m，大多数处在 100 m 至 200 m 这个范围内。整体上看，沙河子组烃源岩可以成为松南气田外围气藏形成的主控因素之一。

3. 火石岭组烃源岩

松南气田外围钻遇的火石岭组暗色泥岩厚度为 20 m 到 130 m 左右。火石岭组烃源岩有机碳含量为 0.48% ~ 0.87%，烃源岩成熟度演化处在生气的过成熟阶段，具有良好的资源前景和勘探潜力。

整体上，火石岭组暗色泥岩分布范围主要位于达尔罕断裂的北东向，最厚处泥岩厚度才 130 m 左右，在该厚度区域，可见腰深 2 井、腰深 201 井、腰深 202 井，均是气产能较大的井位。在其他厚度区域中，虽然也有厚度较大区，但分布范围小，也没有气产能较高的井处在其中。这表明，火石岭组烃源岩也可以成为松南气田外围气藏形成的主控因素之一。

2.2.2.5　运移条件分析

松南气田外围区域处在长岭断陷东部，中间横跨达尔罕断裂，达尔罕断裂带位于长岭洼陷区与东部斜坡带之间，为一个走向近 SN 向的构造高带。带内各种断鼻、断块、断背斜等局部构造与火山岩叠合组成构造-岩性圈闭，是油气长期运聚的有利地区。

通过统计研究区内各单井到达尔罕断裂带的距离，研究其与各单井与气产能之间的关系。各单井到达尔罕断裂的距离从 4545.09 m 至 8509.57 m 不等，腰深 4 井距离最近，产能较低，腰深 3 井距离最远产能却较高，其他单井的气产能与其到达尔罕断裂带距离也呈负相关性。所以，运移条件并不能成为松南气田外围火山岩气藏的主控因素。

2. 2. 2. 6　盖层条件分析

松南气田外围主要发育两类油气封盖层系。

一种是局部盖层系，营城组中火山岩与泥岩互层，可作局部盖层。另外依据火山岩自身岩石物性特点，例如由于其成分岩性复杂，储层物性非均质性强，受岩石物性变化影响，火山岩本身既可以作为储层也可以作为盖层，可以为油气藏提供封盖条件。

另一种是区域盖层，本区盖层主要发育在登娄库组，单层厚度大，泥岩封盖能力好。本期嫩江组末期存在明显构造反转，但后期反转作用未能断开上面这套区域泥岩盖层，因此整体上，登娄库组厚层泥岩具有良好的盖层条件。

2.2.3　沉积及演化

1. 火山地层沉积序列

松辽盆地南部地区发育三个大规模的火山沉积序列和三个火山活动平静期的沉积序列（图2.6）。继火石岭组和沙河子组之后，火山活动进入活跃期，此时工区内填充了一套营城组一段的火山沉积序列，火山岩可分为三个旋回，岩浆演化序列为中基性到酸性；之后火山活动又进入短暂的间歇期，发育了营城组二段的扇三角洲和浅湖相沉积；营城组三段为第三个火山活动活跃期，火山岩分为三个旋回，岩浆演化序列为中基性—中酸性—基性。

2. 火山岩空间演化特征

松南地区营城组一段火山岩可分为两个旋回共四个期次，共 12 口井钻遇，主要分布在工区的中西部，沿达尔罕断裂分布，总体自南东向北西迁移，分布面积 676 km^2。

松南地区营城组三段在整个工区中都有发现，共有 20 口井钻遇，仅有工区东南部双深 2 井未发现，预计分布面积 979. 68 km^2，从岩性岩相上可分为两个旋回，共四个期次。

2.3　天然气成藏主控因素与分布规律

2.3.1　天然气藏地质特征

2.3.1.1　火山岩储集物性特征

储层的储集物性和孔隙结构是火山岩储层评价研究中的重要参数，其他研究方法（测井、地震以及相带研究等）的研究目的都是确定油气储层的物性和孔隙结构，因此，在火山岩深层勘探中，储集条件的分析是火山岩储层研究的重点。本次火山岩储集物性特征研究主要包括两个参数：孔隙度与渗透率。

孔隙度是为了衡量岩石中孔隙的总体积的大小，用来表示岩石孔隙的发育程度。岩石的孔隙度可以细分为总孔隙度、绝对孔隙度、有效孔隙度和流动孔隙度。

岩石的渗透率表明流体在其中流动的能力，对于储集层来说，它仅仅是反映了油气被

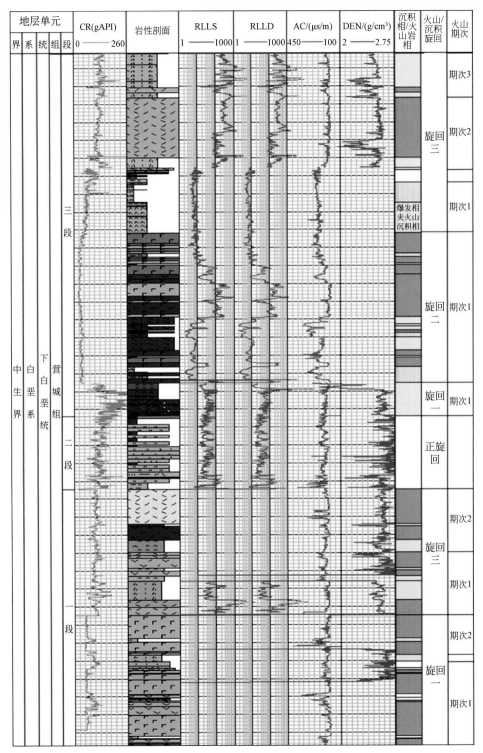

图2.6 松南气田及外围长岭断陷火山岩地层序列综合柱状图

采出的难易程度，并不反映岩石内流体的含量。岩石渗透性的好坏，是通过渗透率的数值大小来衡量的。

松南气田以及外围营城组火山岩岩性以流纹岩、流纹质角砾熔岩、流纹质凝灰熔岩以及粗面质角砾熔岩为主，局部发育少量英安质凝灰熔岩、玄武岩以及辉绿岩等。此次共收集整理了松南气田及外围火山岩物性测试结果 530 个点，显示火山岩孔隙度为 0.9% ~ 28.3%，平均值为 5.40%，渗透率为 0.005 ~ 76.9 mD，平均值为 1.6 mD，总体上表现为中孔-中高渗储层（图 2.7）。

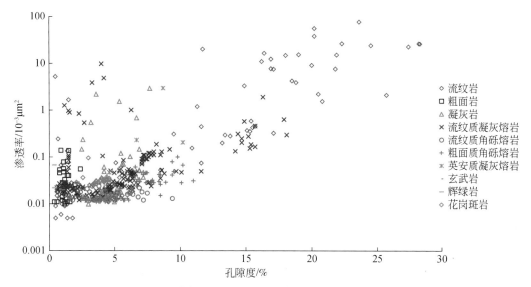

图 2.7　松南气田及外围火山岩储层物性实测数据分布图

2.3.1.2　火山岩成岩作用

火山岩从喷出地表到成为油气储层，其间历经了固结成岩、风化淋滤、抬升剥蚀和埋藏改造等地质过程，并在此过程中经受了一系列复杂的成岩作用和改造作用。从概念上说，火成岩的成岩作用应指岩浆上升喷出地表或侵入地下直至冷凝固结成岩这一过程。而把火成岩形成后受外界因素的影响而发生的变化和改造称为次生作用。火山岩作为地层充填的组成部分，其成岩和改造过程和程度都和与其顶底相接的沉积围岩基本相同。

因此，从这一意义上说，火山喷发所形成的火山岩及其相关岩石在冷却固结成岩后所发生的物理和化学变化也应属于成岩作用的范畴。因此将火山岩成岩作用分为早期成岩作用与后期改造成岩作用两大类。

1. 早期成岩作用（原生作用）

挥发分逸出作用：岩浆上升、喷出和冷却过程中，随着压力和温度降低，挥发分饱和度递减，导致气体出溶形成气泡，气泡上升、聚合并最终被冷凝面所截获，形成相对更大的气孔。熔岩流动过程中，形成上部和下部两个冷凝界面，并向熔岩内部推进，底部出溶的气泡被下部冷凝界面所截获，而下部冷凝界面以上的气泡则全部被上部冷凝界面所截获，最终形成熔岩流纵向上的气孔分带性，即上部厚层气孔带、下部致密块状带。

上部气孔带通常较厚，向下气孔直径增大、数量减少，直到其底部气孔直径达到最大；下部致密带无气孔或见有极少量的大气孔，有时发育节理缝。尽管熔岩流的形成过程复杂多变，但气孔形成机理决定其固结成岩后所具有的分带特征在各类熔岩中都是占据主导地位的。气孔的分带性是决定熔岩有效储层分布的主要控制因素。

2. 后期改造成岩作用（次生作用）

火山喷发时溢流出的岩浆，冷凝后可形成大面积的熔岩被，虽然有原生气孔的存在，可是互不连通、没有渗透性，可作为油气储层的盖层。后期由于经历了不同阶段的各种作用，火山岩才具有了储集油气的能力。松南气田及外围的火山岩储集空间的形成发展、堵塞改造、再形成等一系列不同阶段的演化过程比较复杂，其中构造运动、风化淋滤作用及流体作用是影响和控制松南气田及外围储层空间发育程度的三种主要次生地质作用。

1）构造作用

构造作用使得非常致密的火山岩产生了大量裂缝。火山岩越致密、脆性越强、构造裂缝越容易形成和保存。裂缝不仅使孤立的原生气孔得以连通，而且还增大了火山岩的储集空间。构造活动也有可能会破坏原有油气藏，但对于松南气田及外围所在的长岭断陷来说，构造裂缝形成的主要时期也是研究区内的主要成藏期（新生代中期），所以，构造活动总体来说是有利于本次研究区内的火山岩储层和火山岩油气藏形成的。

2）风化淋滤作用

火山岩起初是形成于地表环境的，只是经历后期的差异性升降运动才能沉入地下，成为盆地充填序列的组成部分。对多数火山岩来讲，孔隙发育程度与淋滤作用密切相关，淋滤作用不但可以使岩石破碎，也可以使岩石的化学成分发生显著的变化，包括发生矿物的溶解、氧化、水化、脱水和碳酸盐化等。溶解作用可使岩石中的易溶物质被带走，使岩石内孔隙增大，增强岩石的渗透性。风化带的这种溶蚀作用对火山岩储层的最重要影响就是形成风化壳型储层，它们往往发育于火山岩体的顶部。不同岩石经历相同的风化淋滤作用，次生孔隙的发育情况会明显不同，富含 K、Na 等强活动性碱金属离子的岩石易于形成次生孔隙。风化淋滤作用不仅是影响火山岩储集性能的一个重要因素，而且是火山岩中普遍存在的一种地质现象。

3）流体活动

火山活动和构造运动以及排烃作用都会引起大规模的热液流体活动。流体对火山岩的直接影响是引起物质的带入和带出，使火山岩体处于开放或局部开放的物理化学体系下。热液活动的直接后果是导致原有矿物发生蚀变、溶蚀，同时有新的矿物形成导致次生胶结和充填作用发生。蚀变和溶蚀使火山岩的孔隙度增加，胶结和充填作用会使孔隙度和渗透率降低。热液活动对于火山岩储层的综合效应因时因地而异，更取决于局部因素。在火山岩中的纯粹的充填对火山岩的储集性能具有极大的破坏作用，充填在气孔中的自生矿物可以部分充填孔隙，也可以全部堵塞孔隙，大大地降低储层的储集性能。总体上来看，流体活动对松南气田及外围的影响是十分复杂的，但其作用的结果往往是使储层物性变差。

火山岩储层成因作用研究及分析结果表明：早期成岩作用主要决定了原生孔隙的形成和分布，而晚期成岩作用主要影响原生孔隙的改造和次生孔隙的发育，晚期成岩作用是原生孔隙不发育的火山岩能否形成有效储层的关键。不同时期的成岩作用对有利储层形成的意义也不同（表 2.1）。

表 2.1　火山岩成岩作用类型及其储层意义

成岩作用阶段	成岩作用类型		成岩作用过程	储层意义
早期 （决定原生孔隙的形成与分布）	冷凝固结成岩作用（火山熔岩、火山碎屑熔岩）	挥发分逸出	岩浆上升、喷出和冷却过程中，挥发分饱和度递减导致气体出溶形成气泡	有利
		冷凝收缩作用	岩浆冷却过程中发生的体积收缩效应	有利
		淬火作用	熔浆流入地表水体或接触含水沉积物，水下喷发迅速冷却发生碎裂形成岩石	有利
		准同生期热液沉淀结晶	在火山熔岩冷凝固结前，热液活动普遍，进入到气孔中的热液随着温度的逐渐减低沉淀结晶，是杏仁体形成的主要原因	不利
		脱玻化作用	火山玻璃随时间和温度、压力的变化，逐渐转化为雏晶或微晶的作用	有利
		斑晶炸裂作用	深部岩浆喷出地表通常会释放降低压力	有利
		熔结作用	载有大量的塑性玻屑、浆屑以及刚性碎屑（岩屑、晶屑）的火山物质涌出火山口后，处于炽热状态下的火山碎屑在重力影响下，发生不同程度的熔结	不利
	压实固结成岩作用（火山碎屑岩、沉火山碎屑岩）	压实胶结作用	火山作用形成的火山碎屑物质在早期成岩压实的火山灰分解产物或化学沉积物胶结作用下固结成岩	不利
晚期 （影响原生孔隙的改造和次生孔隙的形成）	充填作用		后生成岩作用阶段发生的热液活动和地下水活动使原生孔隙被充填	变差
	溶解作用		后生成岩作用阶段发生的热液活动和地下水活动使晶粒、基质以及孔隙先期充填的矿物间溶解	改善
	构造作用		火山岩体总体上沿断裂分布，受构造活动影响使火山岩形成构造裂缝	改善
	风化淋滤作用		岩石在表生作用下发生崩解破碎和溶解、水解等一系列改造	改善
	隐爆角砾化作用		原有的近火山口岩石被高压流体炸裂形成原地角砾，之后又被灌入的富含矿物质"岩汁"胶结形成隐爆角砾岩	改善
	胶结作用		在晚期成岩作用阶段埋藏作用期，伊利石、绿泥石、方解石和石英等矿物对火山碎屑岩和沉火山碎屑岩进行胶结作用	变差
	机械压实压溶作用		后生成岩阶段普遍存在，随着深度的增加，火山碎屑岩和沉火山碎屑岩中刚性颗粒间压实产生碎裂或以缝合线接触	变差

2.3.1.3 火山岩储集空间类型

原生储集空间是指在火山岩完全冷却之前的封闭系统条件下，在原生成岩作用下形成的各种开放式孔缝，包括挥发分逸出形成的气孔，冷凝收缩作用形成的珍珠裂缝和柱状节理缝等。原生储集空间研究重点在于通过类型识别和成因分析，确定其形成条件、分布位置、发育规模和对储层有效孔隙度的贡献。

松辽盆地储层火山岩以流纹岩为主，其次为英安岩、粗面岩、粗安岩以及玄武安山岩。营城组三段发育大量玄武岩，但由于其中的杏仁体主要为石英，所以在地球化学分析中通常表现为安山岩或安山岩与玄武岩的过渡类型。高钾钙碱性系列是松辽盆地火山岩的主要岩石系列，其次为钾玄岩系列和中钾钙碱性系列，低钾钙碱性系列较少。

火山岩发育有原生孔隙、次生孔隙和裂缝，具有一定的储集空间。一般来说沉积岩的储集能力要大于火山岩的储集能力，但当埋深大于一定深度时，火山岩的储集能力往往会大于沉积岩。就松辽盆地而言，当埋深大于 3500 m 时沉积岩多变为致密砂砾岩层，火山岩跃升为主力储层。火山岩储集层的孔隙结构复杂，由孔隙和裂缝构成双孔介质储层，物性空间变化大，非均质性强。通过岩心、岩屑观测和显微结构分析，松辽盆地火山岩储层的储集空间可划分为三大类、12 种基本成因类型（表 2.2）。

表 2.2 火山岩储集空间类型和特征

成因类型	孔隙类型	识别特征	分布
原生孔隙	原生气孔	圆形、椭圆形、线形、大小不等，分布不均匀	流纹岩、玄武岩
	石泡空腔孔	圆形、椭圆形为主，分布密度大	流纹岩
	杏仁体内孔	长形、多边形或棱角状不规则形状	流纹岩
	颗粒、晶粒间孔隙	形状不规则，通常沿碎屑边缘分布	火山碎屑岩类
	矿物炸裂纹和解理缝隙	晶面不规则，主要为基质收缩裂缝	火山砾岩
次生孔隙	晶内溶蚀孔	孔隙形态不规则，主要为晶内孔	含斑晶火山岩
	基质内溶蚀孔	细小筛孔，主要为溶蚀孔	流纹岩、安山岩、玄武岩
	断层角砾岩中角砾间孔	随断层角砾呈不规则状，粒间孔	火山通道相带
裂缝	原生收缩缝隙	节理裂缝，多为柱状、板状、球状	流纹岩、珍珠岩、安山岩、玄武岩
	构造裂缝	横纵交错，横切连通气孔和溶蚀孔	流纹岩、安山岩
	充填残余构造裂缝	不规则形状的构造节理裂缝孔	火山岩构造带
	充填-溶蚀构造缝隙	保留原裂缝形态，溶蚀构造缝隙	流纹岩、安山岩、玄武岩

根据储集物性特征研究表明，松南气田及外围营城组火山岩储层主要集中在流纹岩层中（其中以气孔流纹岩物性最好），气孔流纹岩的孔隙度可达 15%～22%，早期成岩作用会导致原生气孔、收缩裂缝等储集空间类型的大量发育，面孔率较大，而后期改造成岩作用也对气孔流纹岩的储集空间做出贡献，包括溶蚀作用形成的溶蚀孔隙、热液作用改造形

成的晶间微孔以及构造裂缝等储集空间类型。

为了研究松南气田及外围储集空间类型，采用铸体薄片、扫描电镜、面孔率分析与手标本相结合的方式进行，通过半定量–定量来确定松南气田及外围各种主要类型储集空间对储层孔隙发育的贡献程度（图2.8）。

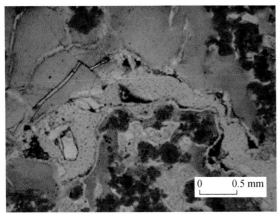 

铸体薄片 YS101-3755.26m　　　　　　　扫描电镜图片 YS1-3761m

图2.8　铸体薄片以及扫描电镜图片

2.3.1.4　孔隙结构特征

要进一步分析储集岩石的孔隙结构特征，还要研究孔隙连通性、孔隙喉道及其分布特征，即需要研究孔隙结构参数。以 YS1 井孔隙结构特征为例，进行如下分析。

张绍魁在 1993 年以碎屑岩储层为研究对象，将孔喉分为四种类型，其分级界限对于火成岩储层而言普遍偏大。中国石油天然气总公司 1993 年针对火山岩油藏提出的分类中，根据平均孔喉半径将孔喉分为大、中、小、微四种类型，其分级界限过度集中，不能把孔喉半径较小的部分有效划分开来。王璞君等（2013）将松辽盆地火山岩储层的孔喉分为五类，本次研究采用该分类方法对 YS1 井的压汞数据进行分析。

图 2.9 表明 YS1 井的营城组火山岩孔喉半径普遍小于 0.16 μm，根据储层孔喉半径分类标准，YS1 井的营城组火山岩属于细孔喉以及微孔喉，这与 YS1 井内的流纹岩大量发育细小的微观原生气孔相符合。根据 YS1 井的压汞实验结果，确定松南气田及外围的有效储层的孔喉半径下限值为 0.03 μm，这一界限值对应于绝大多数试油干层段样品的孔喉半径上限值。

此外，孔喉半径越小，流体渗滤所需要的压差也越大，当孔喉半径低于一定界限（最小有效孔喉半径）时，无论进入还是产出都需要克服很大的毛细管压力。若油气充注时的地层压力小于流体进入需要克服的毛管压力，则无法进入孔隙聚集成藏；而在油气开发时，若流动压力小于流体产出需要克服的毛管压力，则需要采取人工压裂方式对储层加以改造。

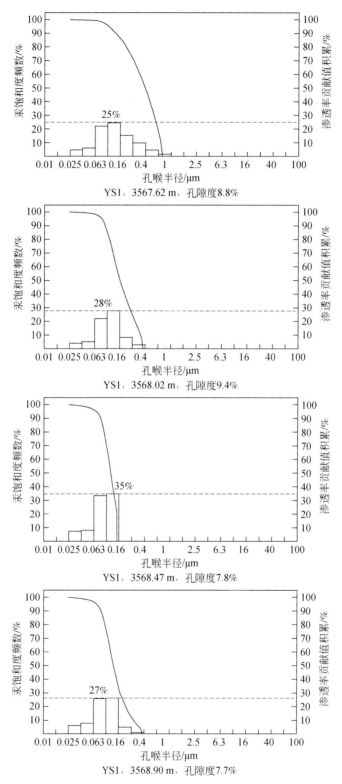

图 2.9　YS1 井汞饱和度柱状图及渗透率贡献值积累曲线

2.3.1.5　储层物性研究

松南气田火山岩中通常同时发育多种类型的储集空间，形成多种储集空间组合，并构成多种不同类型的储层。根据储集空间的组合类型将松南气田储层归结为熔岩类储层、火山碎屑岩类储层、碎屑熔岩类储层三大类。

1. 熔岩类储层

松南气田广泛发育熔岩类储层，包括原生孔隙-微裂缝型储层、次生孔隙-微裂缝型储层、原生孔隙-构造裂缝型、构造裂缝型储层四个亚类。

原生孔隙-微裂缝型储层：松南气田该类火山岩储层的代表岩性为气孔流纹岩，主要储集空间类型以原生气孔为主，溶蚀孔隙发育，基质发育大量微裂缝，可以作为沟通原生孔隙的渗流通道。储层储集空间组合方式为原生气孔（大量）+溶孔（大量）+微裂缝，具有较好的孔、缝配置关系。根据研究区八口钻井测井和岩心实验孔渗数据统计，其孔隙度最大值 28.3%，最小值 0.9%，平均值 12.98%，渗透率最大值 38.3×10^{-3} μm^2，最小值 0.01×10^{-3} μm^2，平均值 7.59×10^{-3} μm^2，在所有类型储层中储层物性最好，为高孔-高渗型储层（图 2.10，图 2.11）。

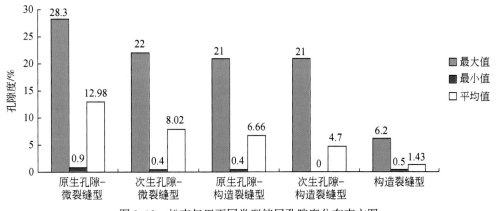

图 2.10　松南气田不同类型储层孔隙度分布直方图

次生孔隙-微裂缝型储层：代表岩性为球粒流纹岩，主要储集空间类型以脱玻化孔、溶孔为主，次要储集空间类型为原生气孔和微裂缝。储集空间的组合方式为微孔+微裂缝。由于微孔和微裂缝密度较高，其储层物性也较好。最大孔隙度 22%，最小孔隙度 0.4%，平均孔隙度 8.02%；渗透率最大值 21.98×10^{-3} μm^2，最小值 0.01×10^{-3} μm^2，平均值 3.96×10^{-3} μm^2。其储层物性仅次于原生孔隙-微裂缝型储层，为中高孔-中高渗型储层（图 2.10，图 2.11）。

原生孔隙-构造裂缝型储层：松南气田中该类火山岩储层的代表岩性为流纹构造流纹岩，主要储层空间类型为流纹理间孔；次要储集空间类型为流纹理间裂缝、溶蚀孔、构造裂缝；主要渗流通道为构造裂缝、流纹理间裂缝。储集空间组合类型为流纹理间孔（中等数量—少量）+流纹理间裂缝+构造裂缝。孔隙度最大值 21%，最小值 0.4%，平均值 6.66%；渗透率最大值 19.7×10^{-3} μm^2，最小值 0.01×10^{-3} μm^2，平均值 2.11×10^{-3} μm^2。

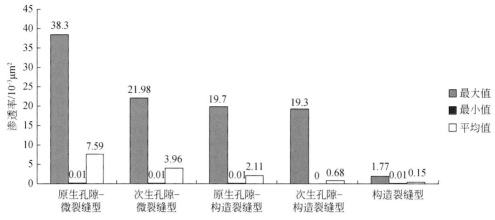

图 2.11　松南气田不同类型储层渗透率分布直方图

为中孔–中渗型储层（图 2.10，图 2.11）。

构造裂缝型储层：代表岩性为块状流纹岩，代表岩相为喷溢相下部亚相，主要储集空间类型为构造裂缝和脱玻化孔，次要储集空间类型为极少量溶蚀孔、脱玻化孔。孔隙发育极少，主要储集空间为构造裂缝，其储集空间极为有限。孔隙度最大值 6.2%，最小值 0.5%，平均值 1.43%；渗透率最大值 $5.27 \times 10^{-3} \ \mu m^2$，最小值 $0.01 \times 10^{-3} \ \mu m^2$，平均值 $0.4 \times 10^{-3} \ \mu m^2$。为低孔–低渗型储层（图 2.10）。

2. 火山碎屑岩类储层

构造裂缝型：代表岩性为流纹质凝灰岩，岩相为爆发相空落亚相、热碎屑流亚相。主要储集空间类型为砾间孔、构造缝；次要储集空间类型为矿物炸裂缝和节理缝、溶蚀孔缝。储集空间类型组合为构造裂缝。其孔隙度值最大为 2.6%，最小为 0.8%，平均为 1.43%，渗透率最大为 $1.77 \times 10^{-3} \ \mu m^2$，最小为 $0.01 \times 10^{-3} \ \mu m^2$，平均值为 $0.15 \times 10^{-3} \ \mu m^2$，为低孔–低渗型储层（图 2.11）。

3. 碎屑熔岩类储层

次生孔隙–构造裂缝型：代表岩性为流纹质凝灰/角砾熔岩，代表岩相为爆发相热碎屑流亚相。主要储集空间类型为溶蚀孔、浆屑内气孔。以溶蚀孔为主，浆屑内气孔一般体积较大，数量较少，并随岩石熔结程度的增加而增多。次要储集空间类型为矿物炸裂缝、构造缝。渗流通道为构造裂缝，储集空间组合类型为溶孔（大量）+气孔（少量）+构造裂缝。由于构造裂缝较微裂缝稀疏，导致联通性不好。其孔隙度最大值为 21%，最小值为 0，平均值为 4.7%；渗透率最大值为 $19.3 \times 10^{-3} \ \mu m^2$，最小值为 0，平均值为 $0.68 \times 10^{-3} \ \mu m^2$，为中低孔–低渗型储层（图 2.10，图 2.11）。

2.3.2　天然气成藏主控因素

松南气田及外围营城组火山岩储层的分布受多种因素影响，而有利储层的发育也由多方面因素控制，通过对火山喷发旋回期次、火山机构类型、火山机构相带、火山岩亚相以及火山岩岩性五个方面进行研究，探讨松南气田及外围营城组火山岩有利储层发育的控制因素。

1. 喷发旋回和期次

营城组火山岩可以分为三个旋回，岩浆演化序列为中基性到酸性。之后火山活动进入短暂的间歇期，发育营城组二段沉积岩段。营城组三段为第三次火山活动活跃期，上文中提到将营城组火山岩分为三个旋回，岩浆演化序列为中基性—中酸性—基性。松南气田及外围营城组三段火山岩以旋回三的期次 2 以及期次 3 物性较好，测井孔隙度普遍在 20% 以内；旋回二期次 1 以及旋回三期次 1 物性相对较差，旋回二期次 1 测井孔隙度范围主要分布在 5%～10%，旋回三期次 1 测井孔隙度主要为 0～10%。

松南气田及外围营城组一段火山岩以旋回一的期次 2 物性最好，测井孔隙度普遍分布在 0～25% 的范围内；旋回三期次 2 物性较好，测井孔隙度的范围是 5%～15%；旋回一期次 1 以及旋回三期次 1 的测井孔隙度范围主要分布在 0～13%、0～10%，储集物性相对较差。

2. 火山机构类型

松南气田及外围营城组火山岩主要有七种主要的火山机构类型，包括流纹质碎屑岩火山机构、流纹质熔岩火山机构（多流动单元）、流纹质熔岩火山机构（单流动单元）、流纹质复合火山机构、玄武质熔岩火山机构（辫状熔岩流）、安山质熔岩火山机构（板状熔岩流）以及粗面质熔岩火山机构（板状熔岩流）。统计工区内 21 口井的测井孔隙度，对不同火山机构类型进行统计。统计结果表明，流纹质碎屑岩火山机构（孔隙度范围为 3%～13%）、流纹质熔岩火山机构（多流动单元，孔隙度为 3%～16%）、流纹质复合火山机构（孔隙度为 1%～16%）以及玄武质熔岩火山机构（辫状熔岩流，孔隙度为 4%～17%）的储层物性更好，而流纹质熔岩火山机构（单流动单元，孔隙度为 0～8%）、安山质熔岩火山机构（孔隙度为 0～6%）以及粗面质熔岩火山机构（板状熔岩流，孔隙度为 0～7%）储集物性相对较差。

3. 火山机构相带

松南气田及外围火山机构相带根据喷发物质分布的远近划分为火山口–近火山口相带、近源相带以及远源相带三种。

统计了腰深 1 井区的 4 口钻井、13264 个数据点、1658 m 的厚度段，结果表明远源相带的孔隙度最大值为 18.2%，最小值为 0，平均值为 3.7%；近源相带最大值 18.6%，最小值 1.6%，平均值为 4.7%；火山口–近火山口相带孔隙度最大值可达 27.9%，最小值为 3.1%，平均值为 6.0%。腰深 1 井区的储层物性揭示火山机构相带的储层物性优劣顺序为：火山口–近火山口相带>近源相带>远源相带（图 2.12）。

火山口–近火山口相带以及近源相带之所以能形成较好的储层，是由于岩浆喷发时，由于挥发分逸出，导致火山口附近形成的火山岩大量发育原生气孔，后期喷发的岩浆逐渐堆积，加速火山口附近的火山岩层段成岩，次生作用影响较小；而远源相带由于离喷发源较远，次生作用明显，导致其内部大量发育次生孔隙（溶蚀孔），因此，其储集物性较差。

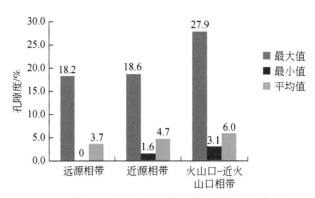

图 2.12　营城组不同火山机构相带孔隙度分布直方图

4. 火山岩亚相

火山岩的物性和岩相关系密切，同时又受后期构造运动的影响，火山岩岩相为火山岩储层提供了原始的储集空间，但是储集空间多是孤立的，而构造运动连通了孤立孔隙，也提高了储层物性。松南气田及外围的火山岩相包括火山沉积相、侵出相、喷溢相、爆发相和火山通道相，根据单井柱状图的统计结果，营城组主要发育喷溢相与爆发相两种岩相，其亚相主要为五种：上部亚相、中部亚相、下部亚相、空落亚相以及热碎屑流亚相。

统计这五种亚相在工区内的分布，结果表明上部亚相的物性特征最好，测井孔隙度最大可达45.60%，平均值为11.09%；空落亚相与热碎屑流亚相物性较好，孔隙度平均值分别可达7.28%与6.35%；中部亚相与下部亚相物性较差，测井孔隙度平均值均小于6%。

5. 火山岩岩性

松南气田及外围的火山岩岩性主要以流纹岩为主，同时发育其他流纹质凝灰熔岩、角砾熔岩，营一段发育部分玄武岩。前面的分析结果表明，气孔流纹岩物性最好，其次为流纹质凝灰熔岩、流纹质角砾熔岩以及粗面质角砾熔岩，块状流纹岩、玄武岩物性最差。

2.3.3　天然气成藏模式与分布规律

2.3.3.1　火山岩气藏成藏模式

1. 储层物性下限研究

有效储层物性下限是指储集层能够成为有效储层应该具有的最低物性参数值，通常用孔隙度、渗透率的某个确定值来度量。它一般与储层特征、原油性质、地层温度、地层压力等因素有关，同时，与采油工艺和开发技术水平也密切相关。物性下限值的确定方法很多。一般地，某一种方法确定的有效储层物性下限只能从一个方面反映储层的特征，并不能代表储层真正的下限，因此，确定有效储层物性下限时应使用多种方法互相验证，使确定的储层下限能尽可能多地反映储层的特征。针对研究区资料情况，综合运用物性、含油产状、试油、压汞等资料，运用试油法以及分布函数曲线法两种方法，通过与勘探情况对比，综合确定有效储层物性下限。

1）试油法

试油资料是油气勘探过程中判断储层含油气性和产液能力的一种重要指标，能够客观反映储集层特征及其与储层流体的相互作用关系。根据试油成果对储层进行有效储层和非有效储层划分，将非有效储层（综合地质解释为干层）和有效储层（综合地质解释为油层、含油水层、油水同层、水层）对应的孔隙度、渗透率绘制在同一坐标系内，两者分界处所对应的孔隙度、渗透率值即为有效储层物性下限值。但经过对比研究实际资料发现，两者分界不明显，因为生产中往往会选显示好的井段进行试油，因此，试油结果干层数据较少并且物性跨度极大。

我们认为可以选取有效储层的最低物性作为本区火山岩有效储层的物性下限。根据此标准求取各类火山岩的物性下限，其中流纹岩的物性下限为 3.3%，流纹质凝灰熔岩为 2.7%，粗面质角砾熔岩为 6.5%，流纹质角砾熔岩为 3.0%（图 2.13）。

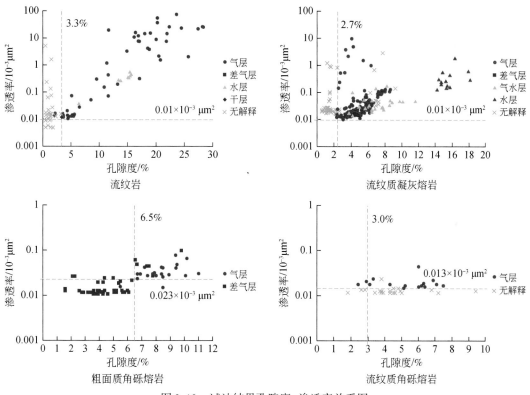

图 2.13 试油结果孔隙度–渗透率关系图

2）分布函数曲线法

分布函数法是从统计学的角度出发，在同一坐标系内分别绘制有效储层和无效储层的孔隙度和渗透率频率分布曲线，两条曲线的交点所对应的数值即为有效储层的物性下限值（万玲等，1999）。在统计学上，当两个样本总体分布存在重叠部分时，区分两类样本的界限定在两者损失概率相等的地方，此时两者损失之和最小，在概率分布曲线上反映在两者相交处。

　　将全直径岩心测试的物性数据按照不同岩性进行分类，并依据试气结果划归有效储层和无效储层两类，在同一坐标系内分别绘制四类不同岩性有效储层和无效储层的孔隙度分布曲线，两条曲线交点所对应的孔隙度数值即为所要求取各类岩性的物性下限值（图2.14）。与另外两种方法相比较，分布函数曲线法求取的物性下限值较高，主要原因在于这里所提及的有效储层都是指经过试气产能达到工业气层标准以上的，因此该方法所确定的界限值可以作为严格意义上（或狭义上）的有效储层的物性下限。

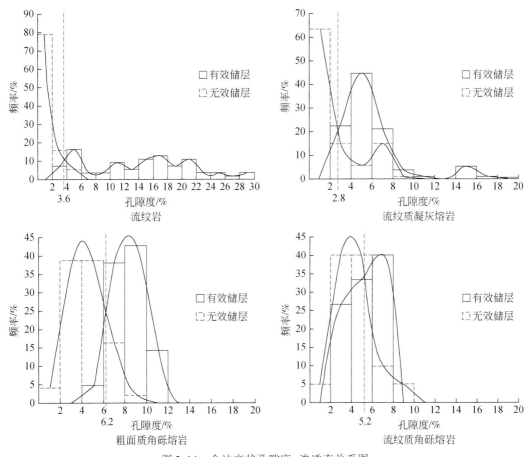

图 2.14　含油产状孔隙度–渗透率关系图

　　根据上述四种确定有效储层物性下限的方法，确定的孔隙度下限区间为 2.7% ～ 6.5%。为最大限度挖掘产能下限，取其最低值即孔隙度 2.7% 作为研究区的有效储层物性下限。

2. 圈闭条件分析

　　1）圈闭类型

　　基底断裂的长期活动为岩浆上涌提供了通道，并控制着火山岩体沿基底大断裂带分布。火山岩体与基底大断裂和围岩在特定的构造背景上相互配置可形成圈闭，圈闭可分为三种主要类型，即构造圈闭、火山岩岩性圈闭、火山岩岩性–构造复合圈闭。

（1）构造圈闭。构造圈闭为储集岩层及其上部盖层因某种局部构造形变而形成的圈闭。主要有褶皱作用形成的背斜圈闭，断层作用形成的圈闭，裂隙作用形成的圈闭，刺穿作用形成的圈闭和上述各种构造因素综合形成的圈闭。松南气田外围的构造圈闭主要发育在达尔罕构造带上，受达尔罕断裂活动的影响，该带长期处于继承性发育的古构造高位，断背斜、断鼻构造发育，火山岩沿断裂向上喷发，形成火山岩构造圈闭。该类气藏通常具有统一的气水界面，气层主要分布于构造高部位，同时受火山岩岩相和储集物性的影响，不同构造部位的天然气富集程度存在一定差异。

（2）火山岩岩性圈闭。松南气田外围盆地充填过程中，长期伴随着火山喷发。特别是火山活动强烈期，可形成规模较大的火山岩体，火山岩体若被泥岩盖层所覆盖，或者由于火山岩自身的不均一性，物性垂向侧向发生变化，即可形成火山岩岩性圈闭。火山岩圈闭受火山岩发育程度和火山岩性岩相及物性特征控制，主要形成于营城组三段、营城组一段和火石岭组二段地层中。目前发现的此类气藏主要位于查干花次凹内大型火山岩体上，此类火山岩体是由不同期次、不同规模的多个火山岩体复合而成，每个相对独立的火山岩体可能就是一个单独气藏，气层主要分布于圈闭高部位，气藏含气底界受构造及火山岩岩性边界控制。

（3）火山岩–构造复合圈闭。构造类圈闭与火山岩体叠合可形成火山岩–构造复合圈闭，它主要由构造运动控制，其主要类型有：断鼻圈闭、断块圈闭、断层遮挡圈闭。松南气田外围火山岩圈闭以断块圈闭居多，其中大部分形成于营城组末期，后期构造运动对圈闭有一定的改造、破坏作用。但它们多具有近源、断裂沟通烃源、正断层侧向上与泥岩构成界岩封闭条件、纵向上多层圈闭继承发育的特点，成藏条件优越，圈闭均有可能成为有效圈闭。此类圈闭主要发育于达尔罕构造带上，受达尔罕断裂构造活动的影响，该带长期处于继承性发育的古构造高部位，断块、断背斜、断鼻构造发育，火山岩沿断裂向上喷发，形成火山岩构造圈闭而成藏。该类气藏具有统一的气水界面，气层主要分布于构造高部位，同时受火山岩相和储集物性的影响，不同构造部位天然气的富集程度存在一定差异。

2）松南气田外围火山岩气藏营城组三段、一段顶面构造图圈闭识别

根据圈闭形成的条件和生产上使用的习惯，可以将圈闭分为三大基本类型和一个复合类型，每一种类型又可细分为若干亚类和具体形式。

本次研究主要识别出背斜圈闭、断背斜圈闭、断鼻圈闭、断块圈闭及地层超覆圈闭 5 种圈闭类型。营城组一段顶面构造图识别圈闭 17 个，其中背斜圈闭 5 个，断背斜圈闭 2 个，断鼻圈闭 6 个，断块圈闭 4 个，圈闭面积共计 101.06 km²。营城组三段顶面构造图识别圈闭 19 个，其中背斜圈闭 2 个，断背斜圈闭 6 个，断鼻圈闭 4 个，断块圈闭 6 个，地层超覆圈闭 1 个，圈闭面积共计 157.79 km²。

2.3.3.2　火山岩气藏平面分布规律

探讨了火山岩储层的影响因素之后，结合多种因素对松南气田及外围营城组火山岩储层进行分类预测，选取了五种参数进行区域叠合。其中有四种参数达到 I 类就将其确定为

Ⅰ类储层；三种参数达到Ⅰ类，或两种参数Ⅰ类另外三种参数达到Ⅱ类就确定为Ⅱ类储层；至少有四种参数为Ⅳ类就确定其为Ⅳ类储层；其余种组合类型都为Ⅲ类储层。

旋回期次：Ⅰ类储层包括营城组三段旋回三期次2，营城组一段旋回三期次2；Ⅱ类储层包括营城组一段旋回一期次2，营城组三段旋回三期次3；Ⅲ、Ⅳ类储层包括其余期次。

火山机构类型：Ⅰ类储层包括酸性熔岩火山机构（多单元）、酸性碎屑熔岩火山机构、酸性复合火山机构；Ⅱ、Ⅲ类储层包括中基性熔岩火山机构（辫状熔岩流）、酸性熔岩火山机构（单熔岩流单元）；Ⅳ类储层包括基性熔岩火山机构（板状熔岩流），粗面质、安山质熔岩火山机构。

火山机构相带：Ⅰ类储层包括火山口-近火山口相带；Ⅱ、Ⅲ类储层包括近源相带；Ⅳ类储层包括远源相带。

火山岩亚相：Ⅰ类储层包括上部亚相、热碎屑流亚相；Ⅱ类储层包括中部亚相；Ⅲ类储层包括空落亚相、下部亚相；Ⅳ类储层包括热基浪亚相、再搬运火山沉积亚相和凝灰岩夹煤亚相（差）。

瞬时频率：Ⅰ类储层包括红色及黄色低频区；Ⅱ、Ⅲ类储层包括绿色中高频区；Ⅳ类储层包括蓝色高频区。

长岭断陷东部营城组营一段储层划分出Ⅰ类储层31个，面积共计72.6 km²，其中无钻井揭示区域为28个，共计56.7 km²；Ⅱ类储层18个，面积共计180.9 km²，其中无钻井揭示的区域13个，共计97 km²。

长岭断陷东部营城组营三段储层划分出Ⅰ类储层23个，面积共计92.9 km²，其中无钻井揭示区域为19个，共计56 km²；Ⅱ类储层23个，面积共计208.1 km²，其中无钻井揭示的区域16个，共计73.8 km²。

第3章 火山岩地震资料处理技术

物探技术在吉林油田深层火山岩天然气资源发现和动用中起着不可替代的作用，针对不同的地质条件和资源领域，研发了适用性的技术系列，并且在新的天然气勘探领域推广应用，收到了很好的效果。

吉林探区德惠断陷、长岭断陷等深层火山岩地震资料，具有频带窄、信噪比低、成像不清的特点，目前处理技术导致深层构造特别是火山岩成像精度不高。火山岩常常是由多期次、多个火山口爆发而形成的，造成火山岩相分布在纵横向上变化大，而且火山岩与围岩之间相互交错接触。在地震剖面上表现为：火山岩的分布范围难确定，与围岩之间的关系特点不明显。在深层火山岩存在时，目前的叠前时间偏移资料横向速度变化大导致时间偏移成果成像杂乱，影响解释精度及勘探研究工作的进一步深入。另外，受火成岩影响，地层速度变化很大，而火成岩的分布范围及发育厚度很难预测，必然给我们的构造幅度及深度预测带来风险。本章主要针对德惠断陷区块火山岩地震资料进行地震资料处理技术的讨论。

3.1 野外采集资料分析

在进行实际处理工作前，首先要对野外采集的地震资料进行资料分析，根据资料特点采取有针对性的处理技术。

3.1.1 噪声分析

原始资料分析包括噪声分析和剔除，是地震资料处理的重要基础工作，噪声压制的好坏将直接影响到反褶积、叠加及偏移成像效果，而了解干扰波的类型、特点又是去噪的基础。通过分析原始资料，德惠地区规则干扰波和不规则干扰波并存，干扰波主要为面波、线性干扰和环境噪声。德惠地区发育的面波优势频率多在 12 Hz 以内，其能量衰减较快，对资料品质影响不大，但分布范围比较广泛。在高岗激发的单炮，浅层折射干扰较为发育，分布也比较广泛，频带比较宽，也是本地区主要的干扰波之一。通过分析本地区干扰波有以下几个特点。

面波：面波干扰是该地区的主要干扰波类型之一。面波是一种沿地表传播的地滚波，面波干扰分布于全区，其中平原地区最发育，特点为能量强、速度低、频率在 12 Hz 以下，主要分布在近偏移距范围。

浅层折射：部分区域存在高岗、低降速带厚度变化较大，在这些地方都发育浅层折射干扰。

脉冲野值：这类干扰波的特点是能量强、延续时间短，分布没有规律，在多数单炮上都有显示。

随机干扰：这类干扰波主要是由于环境噪声引起的，没有固定的频率、方向和振幅，在记录上表现为杂乱无章的波形和脉冲，在频率上宽而不定，在空间上没有确定的视速度。

次生干扰：由于其他施工等干扰源存在，造成该区的次生干扰，对叠加剖面影响很大。

干扰波类型分析如图 3.1 所示。

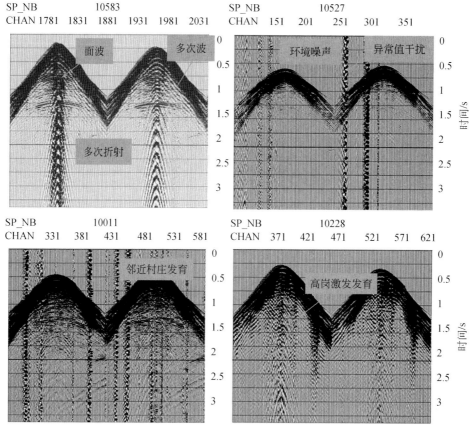

图 3.1　干扰波类型分析图

3.1.2　频率分析

在地震资料处理之前，先需要了解该区地震资料有效反射的频宽以及噪声的频率分布范围。为了能够准确地对原始资料进行分析，选取 A、B、C、D、E、F 六个有代表性的单炮进行频率分析，分别代表工区的不同位置，同时也代表了区内单炮的质量。

首先对原始资料进行低通滤波扫描，从 4~8 Hz 扫描结果上看，有效信号的能量都相对较弱，基本上都是低频干扰；从 6~10 Hz 扫描结果上看，平坦农田处能见到有效信号；从 8~12 Hz 扫描结果（图 3.2—图 3.5）上看，目的层位置 700~1500 ms 均能见到有效信

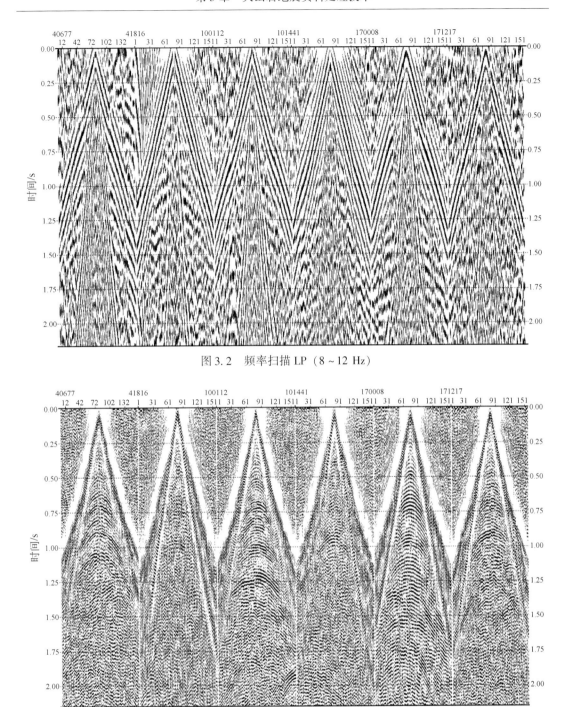

图 3.2　频率扫描 LP（8～12 Hz）

图 3.3　频率扫描 BP（40～80 Hz）

号，在平坦区域能量较强。其次对原始资料进行高通扫描，分析带通（40-50-100-110）Hz
扫描结果，目的层能量都相对较强，六个不同位置的单炮都能看到有效信号；分析（50-
60-120-130）Hz 扫描结果，平坦区域的单炮目的层能看到有效反射，高岗区域目的层有效信号较弱；分析（60-70-140-150）Hz 扫描结果（图3.6），高岗区域在 70 Hz 以上基本看不到目的层有效反射信号；分析（70-80-160-170）Hz 扫描结果，平坦区域在 80 Hz 以上能看到有效信号；分析（80-90-180-190）Hz 扫描结果，基本看不到目的层有效反射信号。通过频率扫描及频谱分析，认为原始资料目的层以下高频衰减较快、频带较窄。

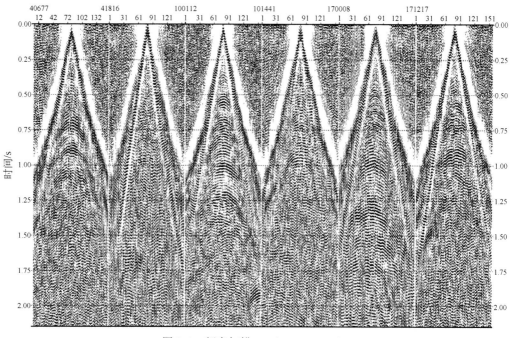

图 3.4　频率扫描 BP（50~100 Hz）

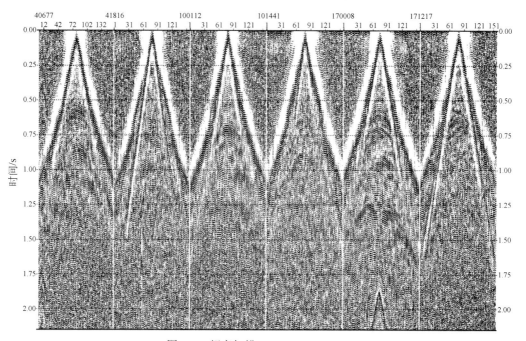

图 3.5　频率扫描 BP（60~120 Hz）

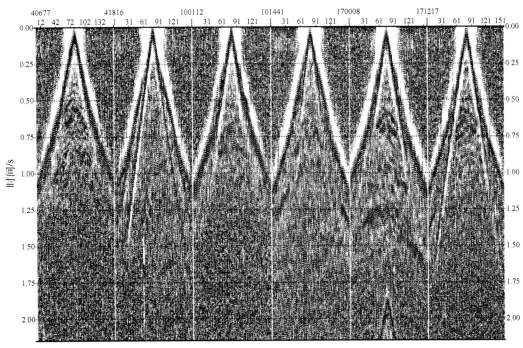

图 3.6　频率扫描 BP（70～140 Hz）

3.1.3　静校正量分析

静校正是确保地震资料处理精度的重要环节，静校正问题的合理解决有助于提高偏移成像的精度，进一步提高精细构造解释精度。

德惠工区地表高程为 170～200 m，最大落差达 30 m。从全区的表层资料来看，大部分地区近地表为二层结构，低降速带厚度为 2～35 m，在工区西部局部地区低降速带厚度大，并且变化较大。本区的高速层速度为 1900～2100 m/s。在高岗等地方低降速层的速度、厚度变化较大，必然引起部分地区存在静校正问题。为分析本工区的静校正问题，绘制检波点高程平面图以及野外静校正量平面图，炮点高程平面图以及野外静校正量平面图，高程曲线和野外静校正量曲线完全成镜像关系，从野外静校正量图上可以看出，静校正量与地表呈现一定对应关系，较为合理，如图 3.6—图 3.9。另外从该区反演的主测线方向的低降速带速度分析，高速顶界面相对变化不大，但是高速层厚度在工区东北部较厚，且变化较大，如图 3.10。

单炮及静校正前的剖面分析（如图 3.11、图 3.12），说明在部分地区采集的地震资料存在一定的静校正问题，需要合理地解决。

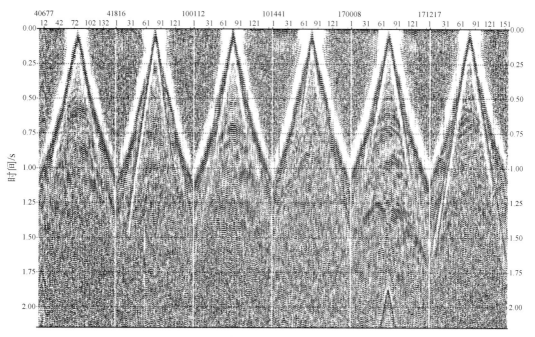

图 3.7　频率扫描 BP（80～160 Hz）

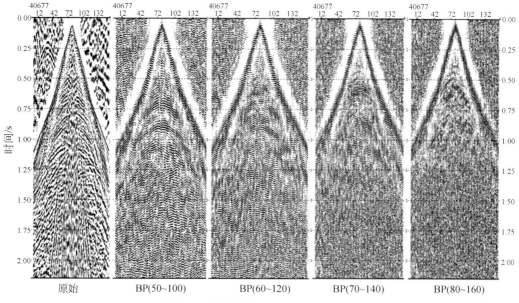

图 3.8　频率扫描 BP（90～180 Hz）

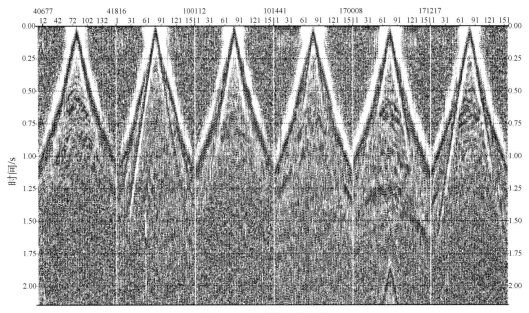

图 3.9　目的层频率扫描

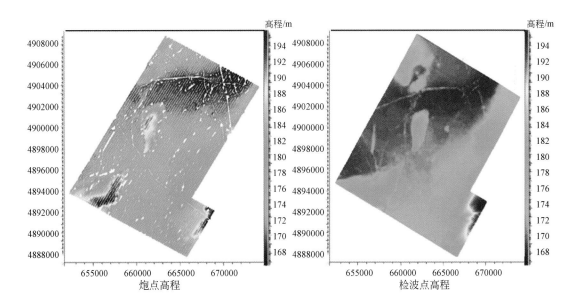

炮点高程　　　　　　　　　　　　　　检波点高程

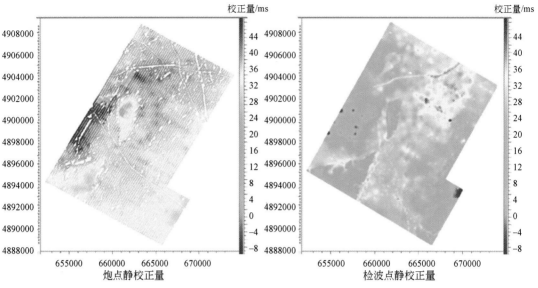

图 3.10　炮点检波点高程平面图及炮点检波点野外静校正量图

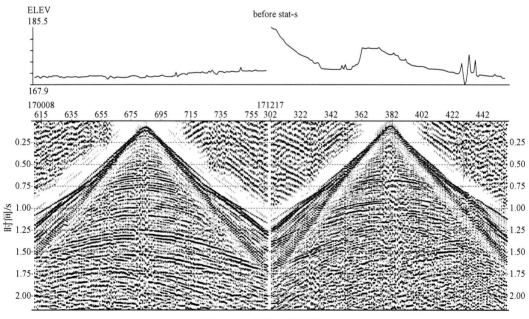

图 3.11　静校正前单炮

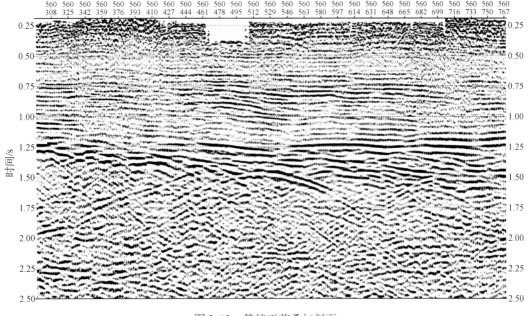

图 3.12　静校正前叠加剖面

3.1.4　能量分析

由于地震波在传播过程中受波前扩散、地层吸收和透射损失等因素的影响，使得地震波的能量在时间方向上衰减较快，振幅差异较大。地震记录在空间和时间方向的能量差异，主要由两方面的原因造成：一是近地表条件的变化、激发和接收条件不一致；二是地下岩性、储层性质变化引起的地震波反射能量变化。地震资料的能量处理主要是消除第一种因素造成的影响，突出第二种情况的变化，为储层预测提供符合地质规律的能量特征。

为了解和分析这些差异，我们在已有资料中按单炮所处的地表条件及工区位置，综合工区内激发药量的分布图（图 3.13），选出了六个位置单炮记录进行对比分析。图 3.14 是工区的六个典型单炮的相同级别能量的纯波显示。通过对比分析可以看出，激发、接收条件不一致和地下低降速带厚度变化造成各个炮之间的能量有较大的差异。另外从图 3.15 中振幅能量特性曲线上看，随时间增加，能量在衰减，时间方向能量有差异。地震记录在空间和时间方向能量差异较大，是由于近地表条件的变化使得激发和接收条件不一致，造成地震记录空间方向上能量分布不均匀。而且由于地震波传播规律的影响，地震波的能量在传播过程中有吸收和衰减，使得浅、中、深层能量差异较大，深层反射能量较弱，需要合理地补偿深层振幅。

根据前面的分析，认为处理中需要通过三维地表一致性振幅处理技术，尽量消除地表及近地表的影响，使最终剖面上地震波波形、振幅等特征变化真正反映地下介质的变化，为储层预测提供可靠的数据。

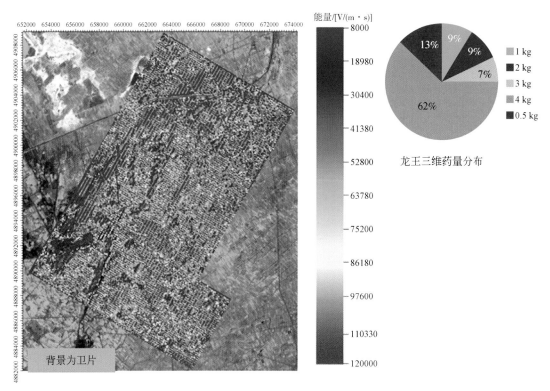

图 3.13　工区激发药量分布图

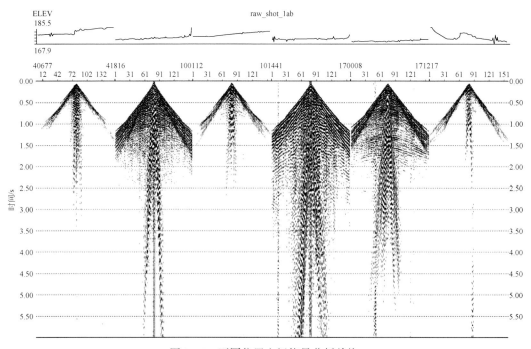

图 3.14　不同位置之间能量分析单炮

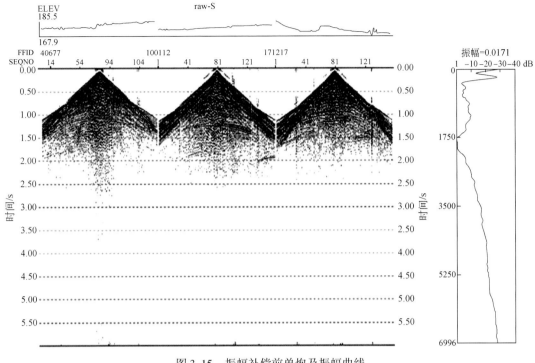

图 3.15　振幅补偿前单炮及振幅曲线

3.1.5　激发子波一致性分析

由于受到地表条件的变化（如图 3.16）、低降速带厚度以及高速顶速度的影响，子波一致性存在差异（如图 3.17）。另外，由于在工区的不同的位置激发能量不同，也造成子波的一致性差异。这种差异与采集因素、地表变化程度相关，是地表一致性处理的最大障碍。

3.1.6　原始资料品质分析

对原始资料品质的分析结果，可归纳如下。

频率方面：目的层 T_{a2} 频率在整个工区基本一致，频率范围在 6 ~ 85 Hz，主频在 28 ~ 32 Hz，目的层 T_3、T_5 频率在整个工区变化较大，特别是经过高岗地段，深层频率差异变化较大，整体分析，T_4-T_5 频率范围在 6 ~ 65 Hz，主频在 23 ~ 27 Hz。

能量方面：由于受到激发因素的影响及高岗接收条件的不同，不同位置的能量差异较大，平坦农田区域能量较强，村庄附近区域能量较弱。

信噪比方面：工区资料整体信噪比较高，只是在高岗地段发育较强的浅层折射干扰，在村庄附近环境噪声相对严重。

静校正方面：由于工区内高程差变化不大，根据层析反演后的模型分析及单炮、剖面

图 3.16　地表条件分析图

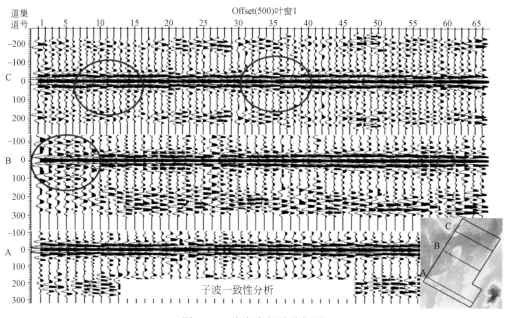

图 3.17　炮点自相关分析图

分析，存在一定的静校正问题，但不是主要问题，可以通过野外静校正与层析静校正结合的方法来解决。

根据以上的分析认为，工区的地震资料品质差别较大（如图 3.18 振幅补偿前叠加剖面），做好三维一致性处理是需要重点考虑的处理步骤。

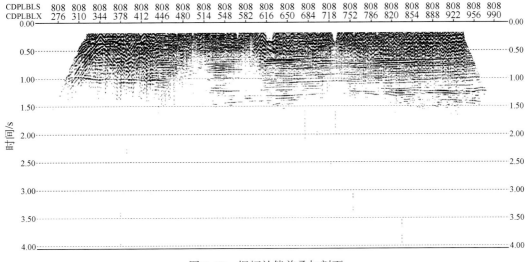

图 3.18 振幅补偿前叠加剖面

3.2 地震资料处理

3.2.1 处理难点

通过以上原始资料分析，可将德惠地区深层火山岩资料特点概括为资料品质差异大，深层能量弱、信噪比、频率较低。为满足构造成像精度的要求，需针对以上处理难点找到相应的技术对策，进行更加精细的地震处理工作。

德惠区块处理难点如下：

（1）工区内干扰波较发育，不同区块的干扰波发育程度不同，深层资料信噪比相对较低。如何有效地压制各种干扰波，有效提高信噪比的问题是处理中的关键。

（2）激发及地表差异造成信噪比、反射能量、波形及波组特征等方面较大的差异，存在地表一致性振幅等处理问题。在提高信噪比、合理恢复振幅间能量的基础上，如何合理地做好一致性处理又是处理的核心。

（3）工区深层波场复杂，绕射波、断面波、回转波、不同倾角反射波等交织，复杂断裂系统准确偏移速度场的合理建立及偏移成像处理是需要重点解决的问题。

3.2.2 技术对策

通过对原始资料的分析，研究低信噪比资料的三维连片处理下的保幅去噪、子波处理技术，以提高深层地震资料处理成果质量为目标，开展叠前保真去噪技术研究、振幅处理技术研究和深层反射地震成像处理技术方法研究。

处理重点及采取的关键技术是针对德惠断陷深层火山岩成像，重点进行深层叠前保幅去噪、保持信噪比处理、保持振幅处理，采用合适的偏移成像方法提高成像精度。保持火山岩特征，识别火山岩，确立火山岩边界。

技术对策及重点应用技术如下。

（1）提高叠前数据的保幅保真去噪技术。在振幅相对保持下的噪声压制技术，是提高信噪比处理的关键。不同类型的噪声有不同的特征，针对性地选取不同的去噪方法，采用渐进的、多域的去噪思路。在叠前去噪-分频压制噪声的基础上，分析其他更有效的叠前去噪方法，采取更加有针对性的低信噪比资料叠前去噪方法，提高信噪比。

（2）保持振幅的补偿处理技术。德惠断陷火山岩与围岩在叠前地震资料上深层能量差异较大，处理不当会使得火山岩特征不清楚。在提高道集质量的基础上，对地震资料的能量和频率补偿进行研究，在常规的球面扩散、地表一致性补偿的基础上，尝试剩余振幅补偿，或者引进外协进行时频域补偿，消除由于表层吸收、大地吸收以及火成岩造成的能量屏蔽引起的能量与频率损失，尽可能地恢复深层地震资料能量与频率成分。使得处理成果能够真正地反映地下地质情况。

（3）叠前偏移成像技术。针对火山岩广泛发育，采用沿层层析成像技术及高密度网格层析成像的方法进行速度建模，并采用深度偏移技术有效改善中深层地层的信噪比和成像质量，特别是改善火山岩及其围岩的成像质量。德惠断陷深层地层接触关系复杂，地层倾角较陡，边界接触关系不清，地震成像困难，地质构造需要重点认识，所以提高资料的成像精度是处理的最终目的。在提高叠前道集资料品质，建立较为准确的深度模型的基础上，采用叠前深度偏移处理技术，来解决该区复杂构造的成像，确保地震数据的成像和归位的精度。

本区地震资料处理工程采取处理解释一体化的工作思路，在处理的关键步骤需进行初步偏移处理，并通过解释属性评价，判断其效果。

（4）叠前深度偏移处理技术。基础数据处理时遵循原则是分辨率和信噪比兼顾，在保证信噪比的前提下尽可能提高分辨率，能量补偿不破坏岩性的地震响应特征，保幅处理与保真相结合，为后续叠前时间、深度偏移处理提供高质量的道集数据。在资料处理实施过程中，把保幅作为资料处理的根本原则，把叠前去噪、静校正、地表一致性振幅补偿、速度分析、提高分辨率作为整个处理过程的核心，认真扎实地做好每一步工作，确保资料的处理质量。

（5）深层针对性处理技术。描述重点处理流程中的关键环节、关键技术试验，并提出技术应用要求。

3.2.3　处理流程

根据德惠区块原始资料特点、技术难点，结合地质任务及处理要求，通过大量的试验制定出较为合理的处理流程，精选出最佳的处理参数，使处理的最终成果达到高保真、高信噪比、高分辨率的要求。

原始资料干扰噪声能量强、分布广，对反褶积效果、叠加和偏移成像都会造成极大的影响。本次处理的主要任务之一就是在保幅、保真条件下进行各类噪声的有效压制，保证反褶积效果，提高叠加剖面及偏移剖面的信噪比和成像质量。对该区原始资料分析得到干扰波生成机理、分布范围及其特征，遵循能量先强后弱、频率先低后高、先规则干扰后随机干扰的基本原则，处理时采取"多域分析、多域去噪、先强后弱、多次迭代、循序渐进"的思路，针对噪声的不同特点，采取相应的技术措施，进行大量方法及参数试验，有效压制各类噪声。

具体处理流程如下。

3.2.3.1 强能量异常值的压制

遵循能量先强后弱的去噪原则，首先对强能量异常值进行消除。对原始资料分析发现，强能量异常值多分布没有规律，在各个频率段内均有分布。分频率段对不同能量的异常值进行分别压制，效果较好，去除异常值后并没有对有效波产生损害。

3.2.3.2 面波的压制

通过对原始资料面波的分布范围进行调查，发现面波干扰分布全区，其较强的能量既影响反褶积效果又影响叠加效果，而有效信号的频率范围在 6~85 Hz，频率域去除面波方法势必伤害低频有效信息，这对后期的精细构造解释和储层预测不利，而且有残余的面波（如图 3.19）。

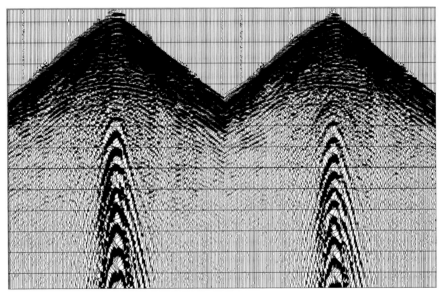

图 3.19　去面波前原始单炮

为消除面波影响同时保护低频的有效信息，采用从国外引进的 K-L 变换模块（如图 3.20），该模块能够做到保幅处理，相对拓宽资料频率。在频率 12 Hz 以下，在面波分布空间范围内建立面波模型，然后从原始单炮中减去面波。在参数的选择过程中，注意各个区块间的面波频率差异，选择针对不同工区的合适的参数对面波加以去除。通过对比去除面波前后的单炮分析（图 3.19，图 3.21）发现，面波干扰被有效地压制，同时保留了低频有效信息，强面波基本去除掉。确定了去面波的方法后，对十字交叉去面波的参数做进一步分析，采用最佳参数进行去除面波处理。从去除面波前后的单炮分析（如图 3.22，图 3.23）可以看出面波基本被去除，从去除的噪声分析也没有对有效波产生损害，可以进行下一步线性干扰的去除，进一步提高资料的信噪比。

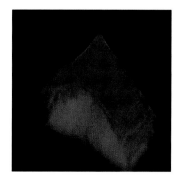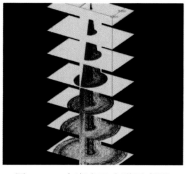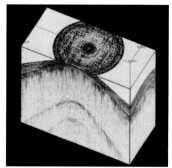

图 3.20　十字交叉去噪示意图

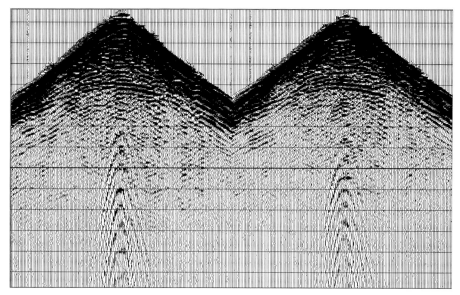

图 3.21　频率域去除面波

3.2.3.3　线性干扰的压制

由于该区域地表条件较为复杂，在工区的西南、中部、东北部高岗分布较多，在这些区域激发的单炮浅层多次折射发育。为更好地提高中浅层的信噪比，做好静校正的处理，在叠前采用线性干扰压制手段，利用线性干扰与有效波之间在速度、位置和能量上的差异，在 t-x 域采用预测的方法确定线性干扰波的速度、分布范围及规律，将识别处理的线性干扰从地震数据中减去，实现线性干扰的压制。从图 3.24、图 3.25 对比分析看出，线性干扰得到较好的剔除。通过对去除的噪声分析发现（如图 3.26），噪声中并不含有效波。

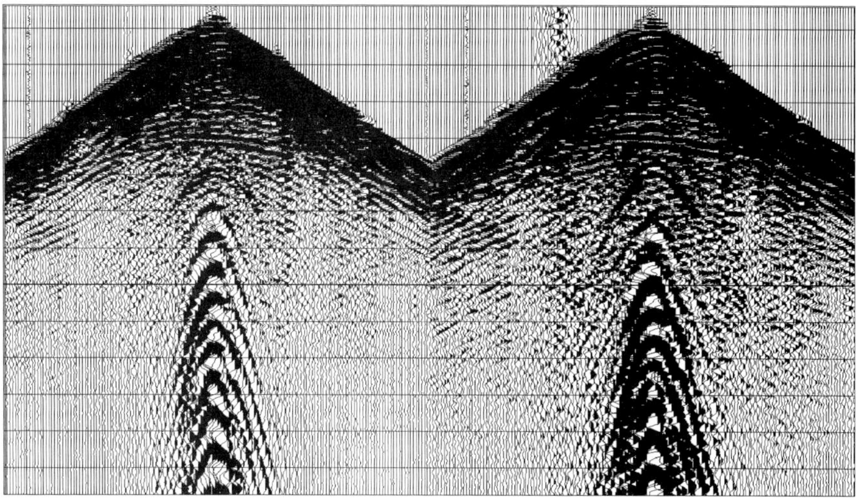

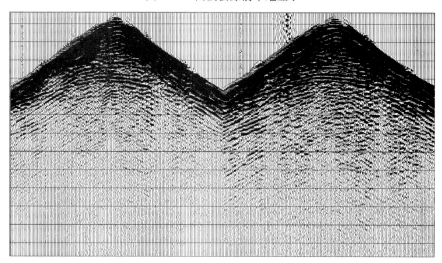

图 3.22　面波去除前单炮显示

图 3.23　面波去除后单炮显示

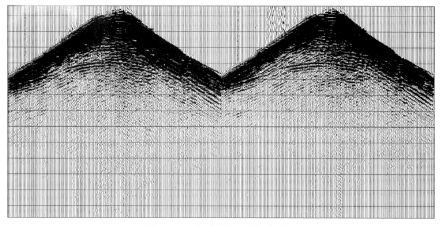

图 3.24　去除线性干扰前单炮

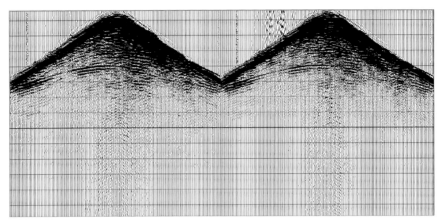

图 3.25　去除线性干扰后单炮

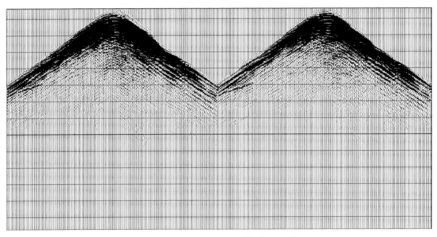

图 3.26　去除线性干扰前后差值

3.2.3.4　次一级随机干扰的压制

在去除强能量面波和线性干扰后，还残余一定的面波，在振幅补偿及反褶积处理后次一级的强能量干扰突出出来，在资料的浅中深层均有分布，没有规律。其干扰作用是影响叠加效果，偏移时画弧。在 CMP 域使用 AMPSCAL 分频压制强能量干扰，取得了很好的效果，经过噪声衰减之后，资料信噪比得到提高。从去除的噪声分析，不含有效波，最大限度地压制干扰，较好地保留了有效波的频率成分。

为了保真保幅处理，在叠前我们只对一些能量较强的规则干扰进行压制，而针对原始资料中普遍存在的随机噪声，叠加进一步压制了随机噪声，在叠后根据剖面的具体情况，应用随机噪声衰减技术进行处理，尽可能地保持了振幅的真实性，使地震波的反射能量更好地反映地下的地质构造及岩性变化。从图 3.27 和图 3.28 综合的去噪前后的叠加剖面的对比可以看到：各种干扰能量得到了很好的去除，去噪后信噪比较高，并且提高了分辨率及连续性，经分析，去噪前后有效波的能量和波形都没有改变，证明去噪保幅性也较好，从图 3.29 分析，去除的噪声不含有效波，最大程度地保留了反射信号。

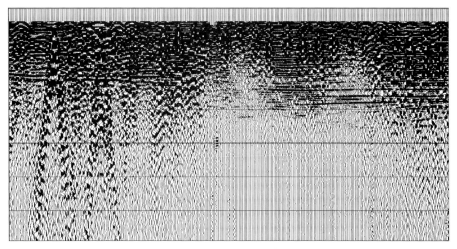

图 3.27　叠前去噪前剖面

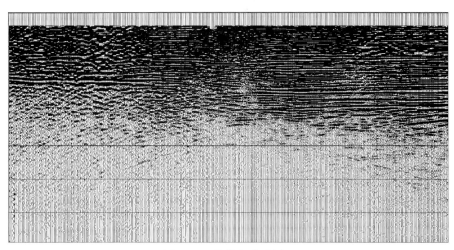

图 3.28　叠前去噪后剖面

3.2.3.5　振幅补偿

由于在传播过程中受波前扩散、地层吸收和透射损失等因素的影响，地震波的能量在时间方向上衰减较快，振幅差异较大。地震记录在空间和时间方向的能量差异，主要由两方面的原因造成：一是近地表条件的变化、激发和接收条件不一致；二是地下岩性、储层性质变化。地震资料的能量处理主要是消除第一种因素造成的影响，突出第二种情况的变化，为储层检测提供符合地质规律的能量特征。

为了消除由于激发或接收因素造成的空间能量不均衡的问题，处理中将采取一系列振幅补偿措施。首先应用球面扩散补偿技术，根据地震波在传播过程中的能量衰减规律，补偿由于波前扩散所造成的能量损失，补偿深部能量的衰减，消除反射波能量在时间上的差异，使浅、中、深层能量得到均衡，如图 3.30。

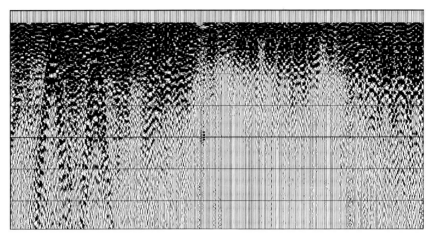

图 3. 29　噪声剖面

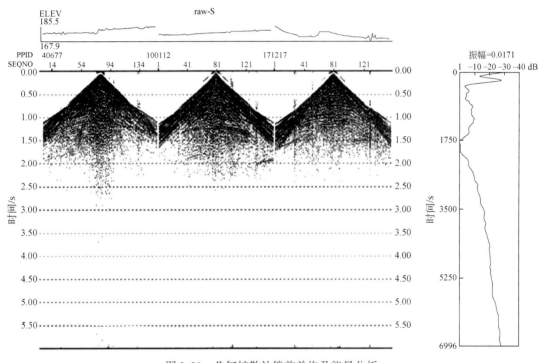

图 3. 30　几何扩散补偿前单炮及能量分析

　　然后应用地表一致性振幅补偿消除近地表条件的变化以及地表激发、接收条件的差异引起的炮间与炮内道间的能量不均衡（如图 3. 31）。三维地表一致性振幅补偿在共炮点域、共接收点域地震记录做振幅统计和补偿，最大限度地消除了激发震源、接收检波器及炮检距等因素对记录振幅的影响，保持了道内振幅能量的相对强弱关系，使横向和浅中深层能量变化合理，消除非地质因素和近地表因素产生的能量差异，而不破坏地质因素在纵向和横向产生的异常现象，使地震波振幅更好地反映地下岩性变化的特点。更真实地反映了地下地质情况变化所引起的地震波能量变化。

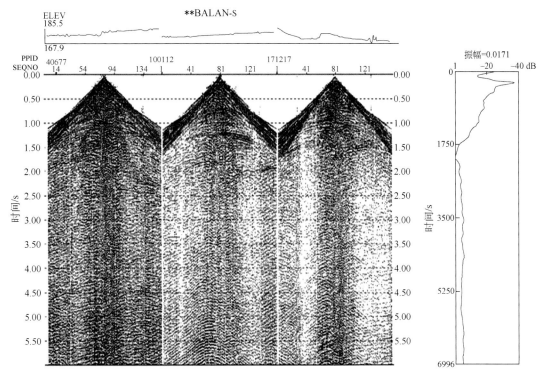

图 3.31　地表一致性振幅补偿后单炮及能量分析

　　为更好地达到横向振幅均衡的目标，在消除噪声后，采用小时窗针对深层进行地表一致性振幅补偿，消除地表差异引起的振幅异常。图 3.32 和图 3.33 是地表一致性补偿前后的对比剖面，经过地表一致性补偿之后，横向振幅能量较为均衡，较好地补偿了地表变化、低降速带厚度变化、激发因素变化引起的振幅差异。

3.2.3.6　层析静校正

　　静校正是确保地震资料处理精度的重要环节，是地震资料处理要解决的最重要问题之一。工区地表高程为 170～200 m，最大落差达 30 m。从全区的表层资料来看，大部分地区近地表为二层结构，低降速带厚度为 2～35 m。工区东部局部地区低降速带厚度大，并且变化较大。本区的高速层速度为 1900～2100 m/s。高岗地段低降速层的速度、厚度变化较大，必然使部分地区存在静校正问题。根据静校正方法原理和处理经验，采取野外静校正的低频分量与层析静校正的高频分量相结合的方法，解决本工区的静校正问题。因为野外静校正量低频分量可以较好地控制剖面的构造形态，层析静校正的高频分量可以较好地解决反射同相轴的连续性问题。首先通过高程平面图与野外校正量的对应关系检查野外校正量是否合理，主要通过应用野外静校正前后剖面进行检查（如图 3.34—图 3.37），经过对比分析，认为野外静校正较好地解决了该区的大部分中长波长的静校正问题，再通过层析静校正，进一步解决中短波长的静校正问题。

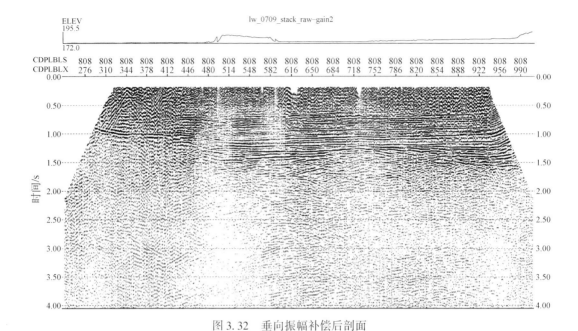

图 3.32　垂向振幅补偿后剖面

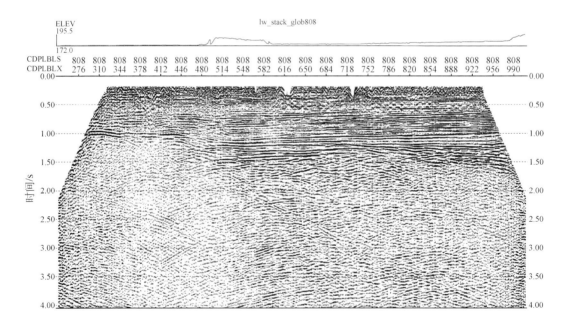

图 3.33　地表一致性振幅补偿后剖面

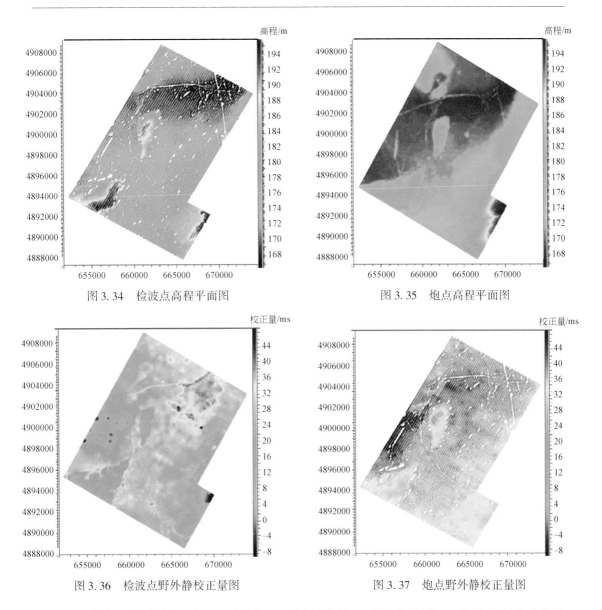

图 3.34　检波点高程平面图　　　　　　图 3.35　炮点高程平面图

图 3.36　检波点野外静校正量图　　　　　图 3.37　炮点野外静校正量图

为了做好层析静校正处理（如图 3.38 层析静校正反演流程图），采用程序自动拾取初至，然后人工修改的方法，确保初至拾取的准确。之后进行了大量参数试验对比，最后确定使用层析静校正与野外静校正相结合的方法来消除地表高程及近地表风化层变化的影响，计算层析静校正的参数为：偏移距为 0～2700 m，低速带速度为 340 m/s，基准面240 m，替换速度为 2000 m/s，平滑点数 101，迭代次数 10 次。图 3.39 显示了层析反演前后的低降速带的速度变化情况。

从层析静校正前后单炮分析（如图 3.39），层析静校正后反射同相轴恢复为规则的双曲线，从剖面对比分析（如图 3.40 和图 3.41），原始叠加剖面上部分同相轴连续性较差，信噪比低，野外静校正后反射同相轴连续性较好，但是在局部由于低降速带速度与厚度变化较大，野外静校正没有解决静校正问题。

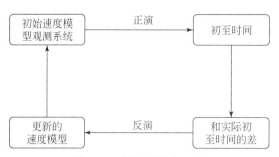

图 3.38　层析反演流程图

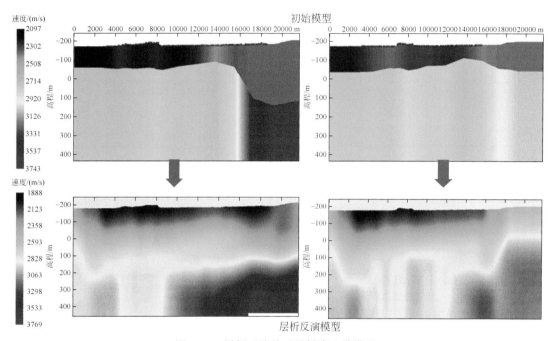

图 3.39　层析反演前后的低降速带模型

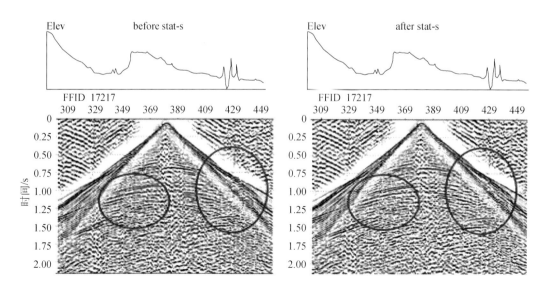

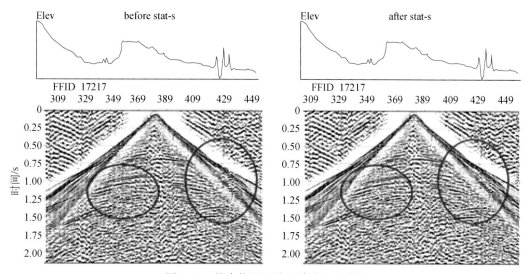

图 3.40　综合静校正前后单炮对比分析

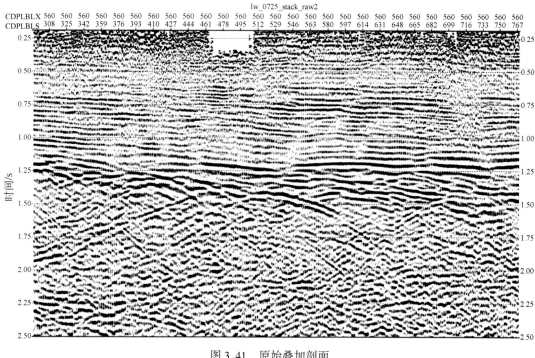

图 3.41　原始叠加剖面

　　综合静校正（野外静校正低频分量加上层析静校正高频分量）以后，叠加剖面信噪比明显提高，反射同相轴清晰可见，连续性较好，构造形态合理，能够揭示真实的地下构造形态，较好地解决了中短长波长静校正问题。从图 3.42 和图 3.43 剖面对比可见，经过综合静校正技术，野外校正量的低频分量较好地控制了构造形态，层析校正量较好地提高了资料的信噪比。

对于残留的短波长校正量，采用速度分析与地表一致性剩余静校正进一步提高反射同相轴的连续性，消除短波长静校正问题。

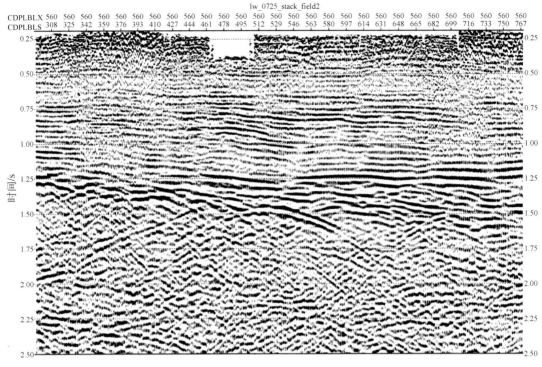

图 3.42　野外静校正叠加剖面

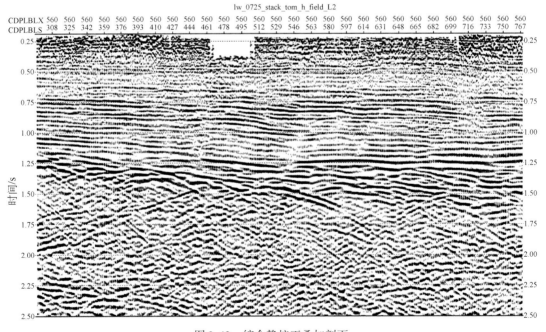

图 3.43　综合静校正叠加剖面

3.2.3.7　地表一致性反褶积

不同的激发和接收条件导致原始数据在子波振幅、频率、相位等方面存在一定的变化，地表一致性处理是消除这些差异最好的手段。应用地表一致性反褶积技术对地震子波进行校正，消除地表不一致因素对地震子波的影响，从而增强地震子波横向稳定性。

根据原始资料分析总结特点，工区内分布有月亮泡、农田、沙岗等不同地表条件，激发接收条件存在较大差异，造成原始资料的子波波形、频率特征存在较大的差异。同时原始资料主频低，频带窄，分辨率差。应用地表一致性反褶积压缩子波提高主频，拓宽频带，提高地震资料的分辨率，消除炮间频率差异，使不同位置资料的频率得到比较理想的提高和匹配。在参数的选择过程中，充分考虑资料本身的特点和地质任务，以及重新处理的目的所在，以获得小构造、小断块，满足油藏描述为依据。

1. 算子长度

分析炮点自相关曲线，子波长度在 120 ms 左右，以算子长度 80 ms、120 ms、160 ms、200 ms 做地表一致性脉冲反褶积试验，仔细分析对比叠加剖面及频谱分析结果，未见明显差异，选用与理论值相符的 120 ms 为算子长度。

2. 选择预测步长

首先分析处理流程中的反褶积参数，采用 14 ms 的预测步长，时窗采用 500~2000 ms。分析炮点自相关曲线，子波长度在 120 ms 左右，这样固定算子长度为 120 ms，再进行应用步长为 6 ms、8 ms、10 ms、12 ms、14 ms、16 ms、20 ms、22 ms 的八组参数做地表一致性预测反褶积试验。从不同步长的单炮分析，8 ms、10 ms 步长的参数反褶积单炮主频较高，高频信息略丰富，但是也出现高频噪声；14 ms、16 ms、18 ms 步长的反褶积单炮从频谱分析主频与 12 ms 步长单炮相差不多，但是在 60 Hz 高频端出现明显差别，16 ms、18 ms、20 ms 高频信息明显减少；12 ms 步长单炮频带范围较宽、信噪比适中，较为合理。

从叠加剖面看，剖面整体差别不大，但是从分频扫描上看，高频端 50~60 Hz，12 ms 步长反褶积有效信息较为丰富；6 ms、8 ms、10 ms 步长剖面信噪比稍低。对比不同预测步长的反褶积叠加剖面和频率扫描剖面，特别是频谱分析看出，12 ms 高频能量较为突出，我们认为预测步长为 12 ms 时，信噪比较高，频带较宽，整体要好于其他预测步长，最终我们采用预测步长 12 ms，因子长 120 ms。

3. 白噪系数

采用标准的 0.1% 作为地表一致性反褶积的白噪系数。

4. 反褶积效果分析

通过以上的对比分析，最终确定反褶积时窗是 700~2500 ms，算子长度是 120 ms，预测步长 14 ms，白噪系数是 0.1。

从对比反褶积前后自相关和统计子波看，地表一致性反褶积后子波主瓣的能量更加集中（图 3.44），自相关的一致性得到了加强，从反褶积前后单炮及频谱分析（图 3.45）及叠加剖面（如图 3.46）上看，低频干扰波得到一定压制，分辨率得到了提高，拓宽了频带。同时也为叠后进一步提高分辨率处理奠定了基础。主要目的层反褶积前后频带范围及视主频变化均有明显改善。

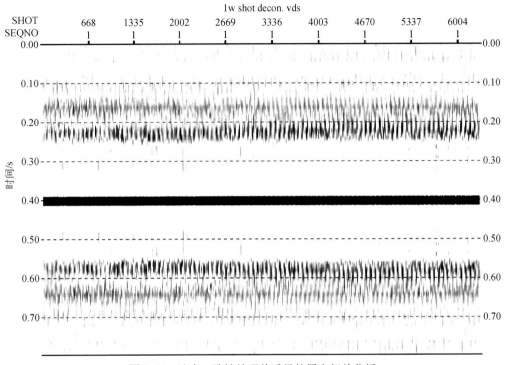

图 3.44　地表一致性处理前后目的层自相关分析

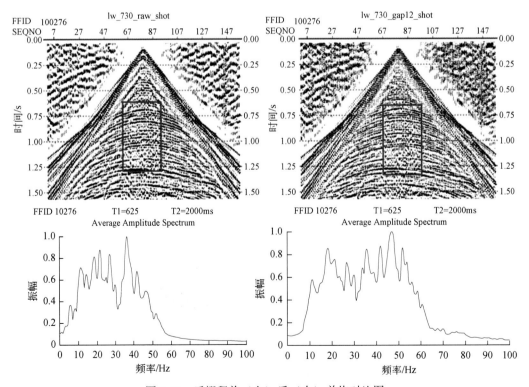

图 3.45　反褶积前（左）后（右）单炮对比图

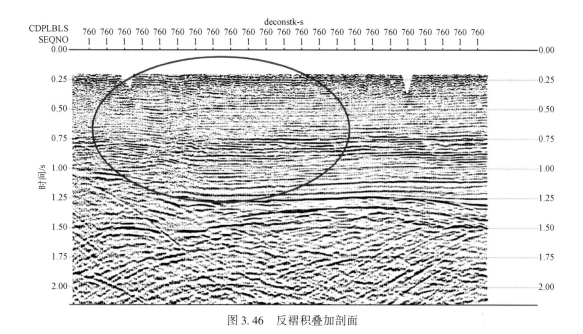

图 3.46 反褶积叠加剖面

3.2.3.8 速度分析与剩余静校正

经过野外静校正和层析静校正相结合的静校正处理后，中长波长的静校正问题得以解决，初叠剖面在全区范围内主要目的层段反射同相轴连续性较好，能量明显增强，信噪比大幅度提高，但由于风化层速度的横向变化及速度误差，仍然存在一定的短波长静校正问题，需要进一步通过剩余静校正来解决，为此，我们采取以下措施。

首先采用 FOCUS 软件的外部模型道反射波剩余静校正，模型道控制构造形态，大校正量时窗内求取剩余静校正量，提高反射同相轴连续性。然后采用内部模型法反射波剩余静校正，消除大的剩余静校正量后，小时窗内求取剩余静校正量，提高反射同相轴连续性（高频部分）。

在处理中引进国外先进的 MAST 内部模型道法地表一致性剩余静校正软件，该软件处理机制如下。

（1）通过输入道集之间的互相关系来确定各道的时移量，使用三种不同的计算方法把时移量分解为炮点静校正量、检波点静校正量、CDP 构造项、剩余 NMO 项，最后根据各种算法的可靠性，进行加权相加，从而得到最终的炮点静校正量与检波点静校正量。

（2）对各层位进行速度扫描，找到不同层位的速度范围。

（3）用滤波、增益、去噪和超道集等手段提高速度谱的质量和精度。

（4）针对速度变化，加密速度点、结合道集、叠加剖面拾取，保证速度拾取的精度。

（5）进行多次速度分析和剩余静校正迭代，提高资料的信噪比、连续性及分辨率。

剩余静校正处理的关键是最大相关时移和标准层时窗的选取，标准层时窗应选取反射波能量强、连续性好、波形稳定、倾角小的层段，并且，为了提高剩余静校正的精度，应在优势频段内分频进行剩余静校正，并对速度分析和剩余静校正进行迭代处理。

在本次处理中，共进行四次速度分析及剩余静校正迭代。第一、二、三次采用外部模型道法进行剩余静校正。由于在剩余静校正之前，采用了较为合理的综合静校正技术，野外静校正的低频分量结合层析静校正的高频分量，来解决地表低降速带速度及厚度变化引起的静校正问题，取得了较好的效果（如图 3.46），所以本次剩余静校正效果不是十分明显（如图 3.47，图 3.48），校正量值不大。第四次剩余静校正采用内部模型法进行地表一致性剩余静校正，主要针对高频部分的静校正，全频剖面变化较小，但是从分频扫描 BP（40-50-100-120）分析，可以看出在构造变化部位和信噪比较低的地方，反射同相轴进一步连续，为良好的偏移成像打下基础。从剩余静校正图分析，各次的剩余静校正量逐渐变小，稍大的剩余静校正量主要分布在不满覆盖区域，而最后一次剩余静校正量值都在 2 ms 范围之内（图 3.49）。

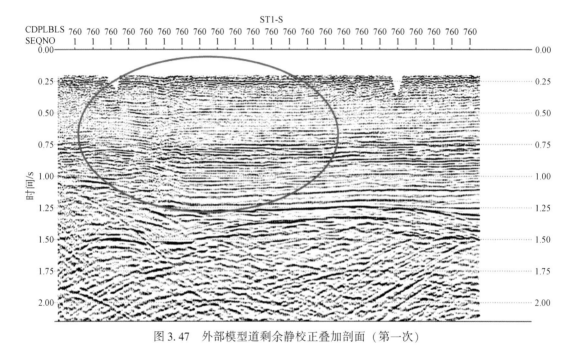

图 3.47　外部模型道剩余静校正叠加剖面（第一次）

综上所述，野外静校正与层析静校正后，中长波长的静校正问题得以解决，经过地表一致性剩余静校正处理后，剖面的信噪比特别是高频端信噪比得到明显改善，反射同相轴的连续性进一步得到增强，特别是深层弱反射连续性明显增强，为后续提高分辨率处理奠定了坚实基础。

3.2.3.9　数据规则化处理

实际地震数据采集过程中，采集方式和激发接收条件等许多因素的影响，会导致数据被稀疏和不规则采样，不规则采样会影响数据分析、引入噪声、相位振幅扭曲和降低成像质量。数据的不规则包括：地震数据共中心点没有落在网格中心、方位角的变化、偏移距不均一、覆盖次数不均匀等方面。其中任何一项都可以产生不同程度的偏移噪声，以地震数据共中心点没有落在网格中心为例（如图 3.50），共中心点位置偏离网格中心越远就会

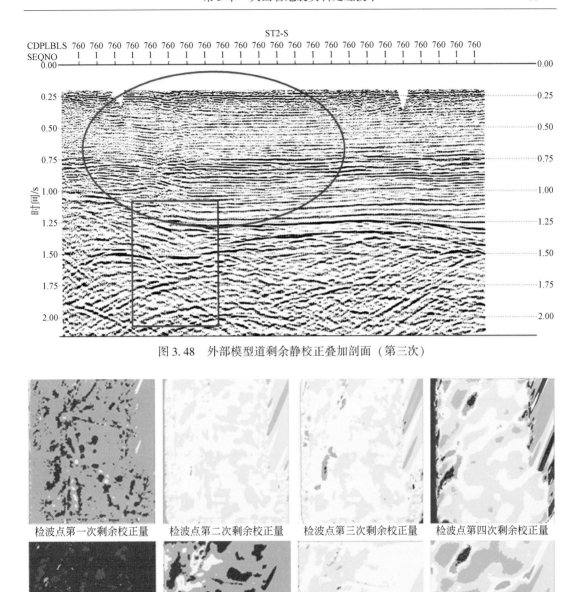

图 3.48　外部模型道剩余静校正叠加剖面（第三次）

图 3.49　炮点检波点第一次、第三次剩余静校正量分布图

产生越强的偏移噪声。

　　进行规则化处理可以衰减噪声（采集脚印，偏移画弧）以提高成像质量。传统的直接"搬家"式的规则化方法会改变或丢失方位角信息，借道均化方法也存在误差，可能丢失方位角等有用信息，影响叠前偏移的效果。

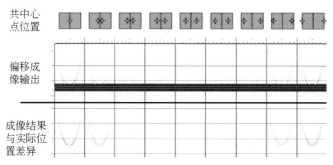

图 3.50　共中心点位置与偏移结果（据 CGGVERITAS）

GEOVATION 软件的 REG3D 模块沿主测线和联络测线两个方向进行地震道插值实现 CMP 面元中心化，以傅里叶重建的方法沿着两个方向进行规则化处理，可以处理任何类型数据的面元中心化和网格均一化，同时保持检波距和方位角不发生改变，可以提高振幅的保真度，改善叠前道集的信噪比，提高成像精度。规则化处理后时间切片能量连续、特征清晰，有利于储层反演。

通过对数据规则化前后的覆盖次数对比（图 3.51）可以看到，数据规则前覆盖次数在局部变化较大，达到 150 次，部分区域不到 100 次。

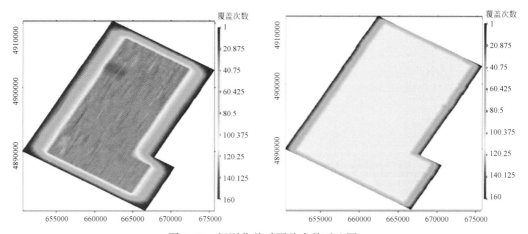

图 3.51　规则化前后覆盖次数对比图

数据规则化处理考虑了整个工区的覆盖次数的变化及面元内数据道的分布，整体来讲工区覆盖次数相对均匀，整体覆盖次数在 120 次。图 3.52 和图 3.53 是规则化前后小偏移距（270 m）对比分析，规则化前小偏移距数据缺失严重，经过规则化后较好地填补小偏移距数据。图 3.54 和图 3.55 是规则化前后中偏移距（1500 m）对比分析，可以看到规则化后中偏移距数据分布更加均匀。

从规则化前后的道集分析（图 3.56，图 3.57）可以看到规则化后偏移距分布比较均匀，同时同相轴连续性得到一定程度的增强，为叠前偏移提供了高质量的道集数据。从数据规则化前后的叠加剖面（图 3.58，图 3.59）对比看出，规则化较好地补偿了近偏移距缺失引起的浅层覆盖次数不足造成的低信噪比现象，提高了剖面整体信噪比。

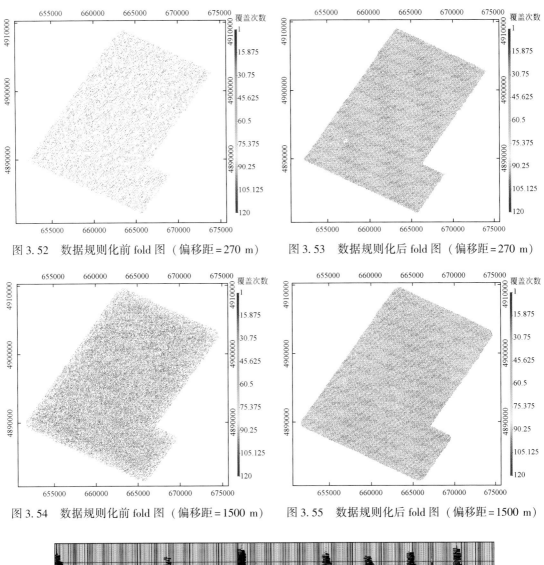

图 3.52　数据规则化前 fold 图（偏移距＝270 m）　　图 3.53　数据规则化后 fold 图（偏移距＝270 m）

图 3.54　数据规则化前 fold 图（偏移距＝1500 m）　　图 3.55　数据规则化后 fold 图（偏移距＝1500 m）

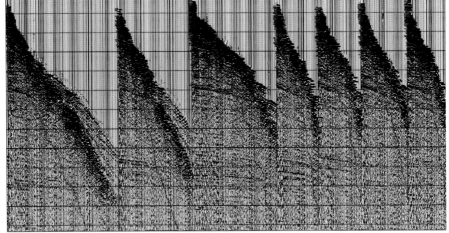

图 3.56　规则化前道集

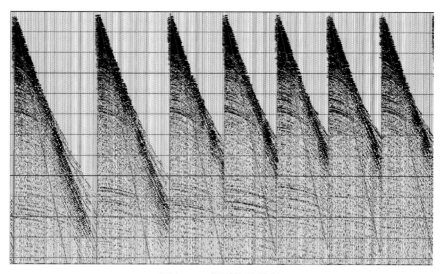

图 3.57　规则化后道集

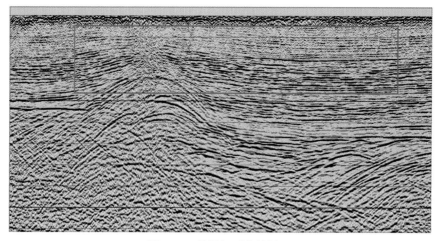

图 3.58　数据规则化前剖面

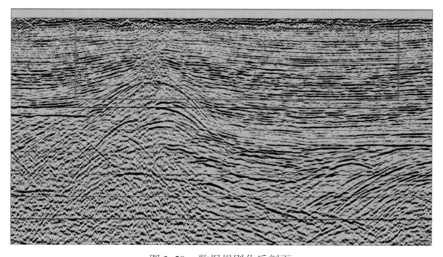

图 3.59　数据规则化后剖面

同时通过数据规则化，实现了 CMP 面元中心化及网格均一化，保证 CRP 道集各炮检距能量分布合理。叠前偏移后偏移噪声大幅减少，提高了偏移成像质量。图 3.60 是规则化前后的 CRP 道集，可以看出，数据规则化后偏移噪声明显减少，反射同相轴较为连续，为速度优化提供了很好的道集保证。从图 3.61 和图 3.62 也可以看出，数据规则化后偏移剖面偏移噪声明显减少，信噪比明显提高，同时也提高了偏移成像精度。所以数据规则化有效改善了资料信噪比，为更加合理地偏移成像提供了良好的数据保障。

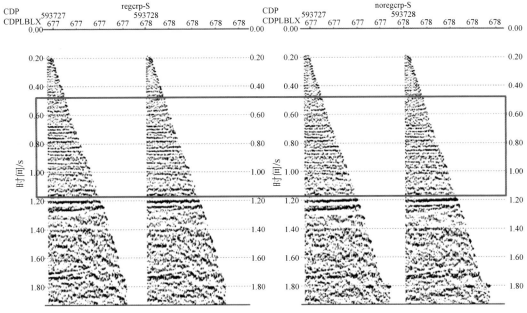

图 3.60 数据规则化前（左）后（右）偏移 CRP 道集

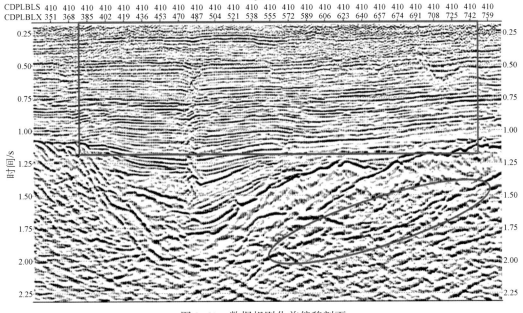

图 3.61 数据规则化前偏移剖面

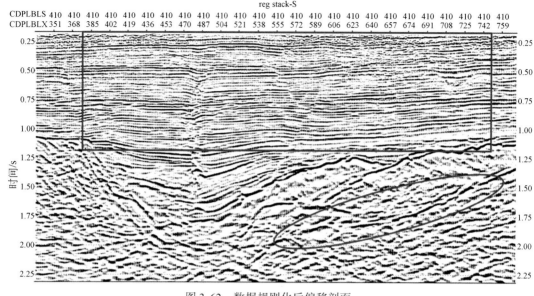

图 3.62　数据规则化后偏移剖面

　　接下来应用 DMO 处理，消除倾角及方位角的影响，DMO 后速度谱能量相对更为集中，对 DMO 处理后的道集进行速度分析得到的速度更接近均方根速度，更有利于偏移成像。本次处理 DMO 分析的主要目的是为了得到一个更为准确的初始速度场。根据图 3.63 和图 3.64，DMO 后速度谱能量较为集中，可以拾取较为准确的速度谱点。对比分析图 3.65 和图 3.66 可见，DMO 叠加后，绕射波进一步加强，反射同相轴连续性也进一步提高。同时叠后偏移也不是最终的数据体，而是用来进一步验证速度是否合理。通过叠后偏移断点是否干脆、绕射是否收敛、断面是否清晰可以进一步验证速度的合理性。

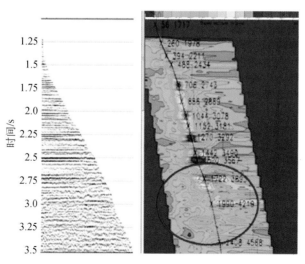

图 3.63　常规速度谱

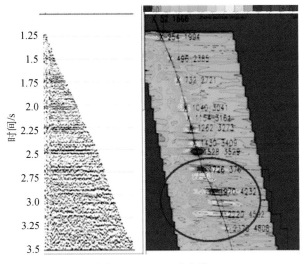

图 3.64　DMO 速度谱

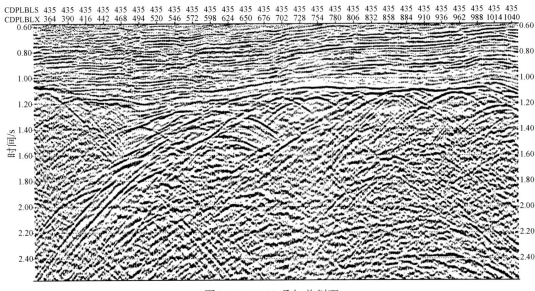

图 3.65　DMO 叠加前剖面

3.2.3.10　叠前时间偏移处理

本次重新处理主要利用处理成果进行构造精细解释，描述德惠区块深层火山岩构造形态、特征，完成火山体刻画研究。这就要求针对目的层开展高精度的偏移成像处理，提高目的层偏移成像精度，提高深层成像质量，落实主要目的层的构造形态、地层接触关系和断裂分布，使处理成果能够刻画火成岩内幕结构。要满足地质解释的需求，就必须做到叠前偏移剖面断点清晰，绕射波收敛，反射波归位合理，无空间假频及影响地震解释的画弧现象。

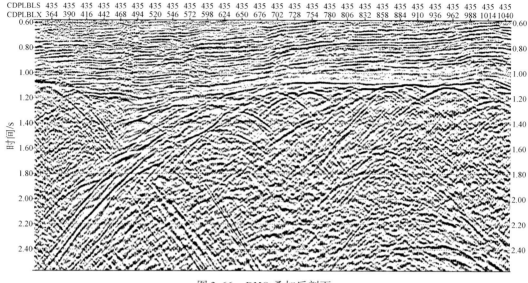

图 3.66　DMO 叠加后剖面

　　本次处理重点是深度偏移处理，通过叠前时间偏移可以为深度偏移提供较为准确的初始速度场。另外，可以通过叠前时间偏移来准确判断火山岩的位置及产状，为深度偏移的合理地质建模提供数据保障。所以本次处理也对叠前时间偏移的方法及速度模型进行了细致的研究。

　　叠前时间偏移避开了叠后时间偏移严格的零炮检距的限制和水平层状介质假设的限制，实现了共反射点的偏移归位，确保同相叠加，能够得到更准确的均方根速度场，从而使构造空间归位位置更加准确。叠前时间偏移的方法主要包括 F-K 叠前时间偏移、延拓类叠前时间偏移和克希霍夫积分法叠前时间偏移。克希霍夫积分法叠前时间偏移需要的是均方根速度场，可以逐点进行沿层、垂向剩余速度分析，还可以空间变化，成像精度较高，偏移速度较快，是目前常用的叠前时间偏移方法。

　　叠前时间偏移要求输入的道集是高质量的，信噪比高，振幅能量均衡，且不存在静校正问题。高质量的叠前道集是保证叠前时间偏移达到最佳效果的前提条件。通过以上的常规处理，使叠前数据体具有较宽较高的信噪比，获得了比原始记录更高的分辨率，给偏移成像处理打下了良好的基础。

　　影响叠前道集质量的关键因素有：信噪比、地震波能量的分布特征、排列与覆盖次数和子波处理等。经过有针对性的叠前处理，CMP 道集的信噪比、能量分布和静校正等得到了进一步的优化。经过数据规则化处理，四个工区的数据覆盖次数相对较为均匀，而且达到了数据的面元中心化和网格均一化，同时保持检波距和方位角不发生改变，这样提高了振幅的保真度，改善了叠前道集的信噪比，可以进一步提高成像精度。为叠前时间偏移提供了高质量的叠前道集，为做好叠前时间偏移处理奠定了基础。

　　在叠前时间偏移处理过程中，采用图 3.67 所示的处理流程，偏移算法、反假频参数、偏移孔径、速度优化等是影响叠前时间偏移效果的关键，需试验并选择合理的参数，取得合理的偏移效果，为处理任务完成提供技术保证。

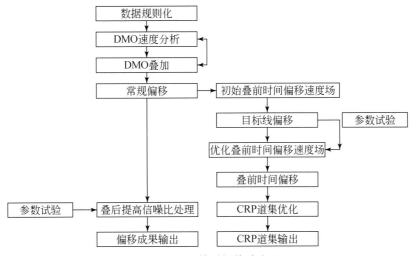

图 3.67　叠前时间偏移流程

德惠区块叠前时间偏移处理采用 Geodepth 软件的叠前时间偏移处理模块。

在叠前时间偏移的算法中，弯曲射线方法较直射线方法具有更高的成像精度，因此该区块偏移方法主要选取弯曲射线方法。在图 3.68 和图 3.69 的对比分析中也可看出，弯曲射线方法的成像效果更好。

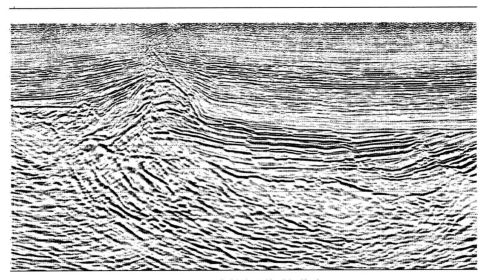

图 3.68　直射线叠前时间偏移

在叠前时间偏移处理中，偏移孔径的大小，直接影响偏移成像的效果。常用的准则是偏移孔径应该大于最陡倾角地层偏移距离的两倍。偏移孔径过小会削弱深层陡倾角同相轴，势必会损失一部分有效信号，不利于深层地震资料的成像，偏移不到位；偏移孔径过大则占用机时过长，同时偏移背景较大，影响剖面的信噪比。本次处理主要针对深层火山岩，分别选择不同的偏移孔径（直径 8000~11000 m）进行试验（如图 3.70—图 3.73）。

图 3.69　弯曲射线叠前时间偏移

图 3.70　偏移剖面（孔径＝8000 m）

　　从偏移效果上分析，偏移孔径 10000 m 时，偏移归位较为准确，深层能量聚焦较好，能量集中。

　　反假频、拉伸因子参数的选取主要应用 Geodepth 软件的叠前时间偏移软件。反假频参数影响剖面整体的波组特征，反假频与拉伸因子参数不合理会引起资料的波组特征不明显，信噪比偏高。参考德惠地区以往参数及 Geodepth 软件，采用反假频参数为 2，拉伸因子参数为 2，既保持了资料的整体的波组特征，又保持了适中的信噪比。

图 3.71　偏移剖面（孔径 = 9000 m）

图 3.72　偏移剖面（孔径 = 10000 m）

　　建立偏移速度场的过程中，精确的均方根速度场是叠前时间偏移的关键，速度场的准确与否将直接影响偏移成像的精度，偏移的误差与速度误差的平方成正比关系，这就说明速度的精度决定偏移的成败。

　　在常规资料处理过程中采用了 DMO 叠加速度分析，该方法求取的速度场比较接近地下介质的真实速度，所以叠前时间偏移处理中采用 DMO 速度场作为初始的均方根速度场，进行目标线叠前时间偏移处理，输出共反射点道集，进行剩余速度分析，得到优

图 3.73　偏移剖面（孔径 = 11000 m）

化后的速度场，再对目标线进行叠前时间偏移，得到 CRP 道集，再进行剩余速度分析，每偏移一次就求取一次剩余速度，通过多次迭代优化叠前时间偏移速度场，逐渐逼近真实的介质速度，共反射点道集同相轴拉平，叠前时间偏移剖面无明显偏移过量及不足现象。

　　从速度优化迭代的对比可以看出（如图 3.74），CRP 道集进一步拉平，剩余速度谱上的能量团都集中在零线附近，说明速度更接近与真实速度。同时从目标线的速度剖面上分析，速度的变化趋势与地层的构造基本一致，说明速度剖面与地质规律较为吻合，如图 3.75。从速度优化前后的偏移剖面分析（如图 3.76），速度优化后断层断点更加清晰、基底轮廓更强清楚，说明速度更趋于合理。

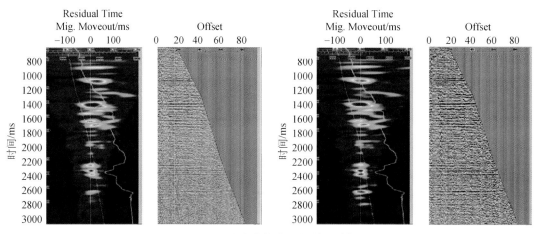

图 3.74　速度优化前后频谱、道集

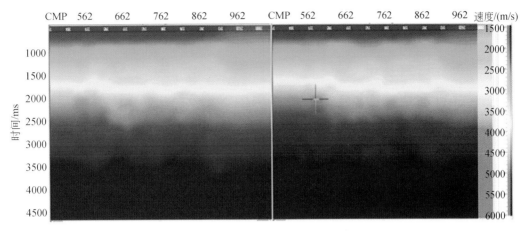

图 3.75　速度优化前后偏移速度场

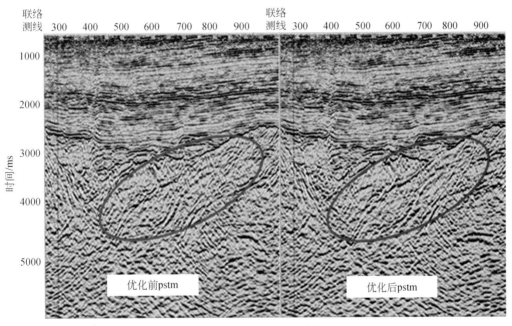

图 3.76　速度优化前后剖面

　　优化速度过程中，同时结合井的速度、分层、声波曲线等信息对初始速度模型进行约束校正，使得速度更能体现地下地质真实速度，形成更加准确的速度模型（如图 3.77）。

3.2.3.11　叠前深度偏移方法介绍

　　该方法是以速度建模为核心的叠前深度偏移处理。随着油气勘探开发的进一步深入，油气勘探的重点转向复杂地表和复杂地质条件的区域。复杂构造区地震资料质量通常较差，且横向速度变化剧烈，叠前时间偏移成像往往得不到精确的地下构造形态，叠前深度偏移是解决复杂构造成像的有效工具。叠前深度偏移在解决复杂地质构造成像问题的同时

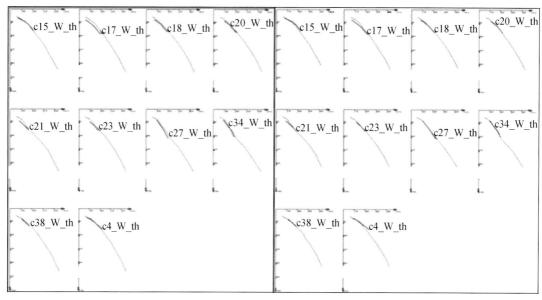

图 3.77　井校正前（左）后（右）速度分析

能够提高资料的信噪比和分辨率，压制多次波以及突出深层反射。不仅如此，与时间域剖面相比，深度域成像的地震剖面更具有地质意义。针对德惠断陷深层火山岩成像，在处理过程中需要重点进行深层叠前保幅去噪、保持信噪比处理、保持振幅处理，采用叠前深度偏移成像方法提高成像精度，保持火山岩特征，识别火山岩，确立火山岩边界。

　　对比叠前深度偏移与叠前时间偏移的处理方法，可进一步说明叠前深度偏移在深层火山岩资料处理中的必要性。

　　时间偏移技术是基于横向速度变化弱的水平层状介质模型产生的，而深度偏移技术是基于横向变速的真实地质模型发展而来的。因此时间偏移不能解决速度横向变化引起的非双曲线时差问题，当速度横向变化大，超出常规时间偏移所能适应的尺度时，偏移的成像精度大为降低。因而，在复杂构造或横向变速情况下，时间域处理无法正确地揭示深度-速度场信息，时间偏移不能正确反映反射层位置的成像。相比之下，叠前深度偏移成像能够对非常复杂的数据进行信号成像，可以修正陡倾角地层和速度变化产生的地下图像的畸变（如图 3.78）。主要原因是，常规时间域处理的正常时差校正和共中心点叠加假定中未计及由大速度差引起的射线路径弯曲效应，这时时间域处理步骤有损于有效信号。叠前深度偏移可作弯曲曲线的校正，能使反射能量聚焦，正确确定同相轴的空间位置。所以，叠前深度偏移可用于解决逆掩断层、复杂断块、高倾角构造、低幅度构造、高速层下的弱反射等地质现象的成像问题。

　　吉林德惠探区深层火山岩叠置发育，常常是由多期次、多个火山口爆发而形成的，造成火山岩相分布在纵横向上变化大，而且火山岩与围岩之间相互交错接触。在地震剖面上表现为：火山岩的分布范围难确定，与围岩之间的关系特点不明显。目前的叠前时间偏移资料在深层火山岩存在时，横向速度变化大导致地层地震资料成像杂乱，影响解释精度及勘探研究工作的进一步深入。

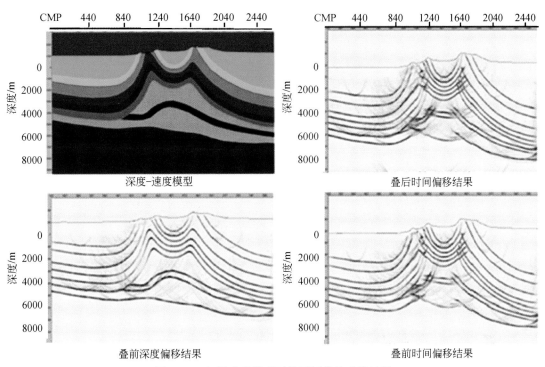

图 3.78 相同速度模型下的不同偏移成像结果

另外，受火成岩影响地层速度变化很大，而火成岩的分布范围及发育厚度很难预测，必然给我们的构造幅度及深度预测带来风险。德惠断陷深层火山岩地震资料具有频带窄、信噪比低、构造复杂的特点，目前处理技术导致深层构造特别是火山岩成像精度不高。因此，有必要针对深层目标开展针对性的处理技术研究，以满足日增长的勘探开发的要求。

叠前深度偏移虽然成像精度较高，但其实现方法较为复杂。复杂地区地震成像遇到的主要问题首先是地表高程大、低速带深度横向不稳定；其次是地下地质结构复杂、高陡倾角地层及火山岩等复杂地质体发育，速度模型难以建立。需要建立一个合理的时间模型，求取准确的层速度场，以提高剖面的成像效果。时间模型是以地震资料为基础，通过处理解释而产生。利用射线追踪方法计算理论道集记录，并把它与实际道集进行相关，通过最大相关道求取层速度进而确定层速度-深度初始地质模型（图 3.79）。

有了初始速度模型后，确定射线的路径和分布范围，并以此范围为控制边界，计算射线分布范围内各射线的偏移方向和偏移量，在此基础上选用克希霍夫求和法进行叠前深度偏移处理，并生成共反射点道集，再利用剩余延迟分析、层析成像等技术，修改和优化层速度-深度模型。最后，用优化后的模型对数据进行叠前深度偏移，从而得到最终的叠前深度偏移成果（如图 3.80）。

本次处理重点是精细刻画复杂构造特征，强化速度模型与地质模型的关联。采用处理解释一体化，开展以速度建模为核心的叠前深度偏移技术。参考工区内井分层、速度信息，结合时间域层速度场，建立较为准确的速度模型。综合体现出几个重点技术，如复杂构造解释、垂向沿层速度建模、反射波网格层析建模和叠前深度偏移处理技术。

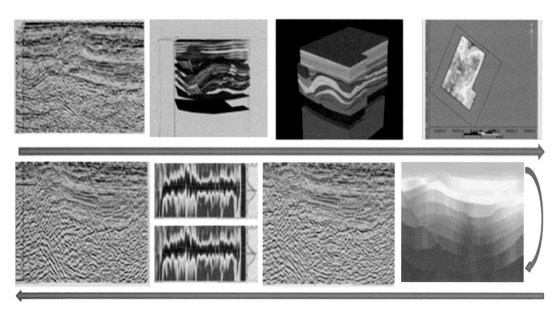

图 3.79　以速度建模为核心的深度偏移处理流程

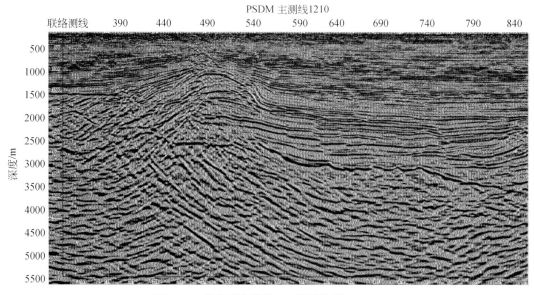

图 3.80　叠前深度偏移——偏移孔径 8000 m

结合叠前深度偏移技术特点，在实际应用前需对影响叠前深度偏移的因素进行全面细致的分析，本次处理重点是德惠断陷深层火山岩成像，进行深层叠前保幅去噪、保持信噪比处理、保持振幅处理，采用深度偏移成像方法提高成像精度，使得处理成果能够保持火山岩特征，识别火山岩，确立火山岩边界。在叠前深度偏移处理过程中，速度−深度模型的精度是叠前深度偏移处理的关键。为了建立高精度的速度−深度模型，必须做好以下几点。

（1）层位模型以地质模型为基础但不是地质模型本身，且要符合地球物理的要求，即拾取的层位不是地质界面而是速度界面。

（2）在一定信噪比的条件下，一两次速度迭代的精度是不够的，要做细致的速度分析工作才能得到好的偏移成像效果。

（3）时间域信噪比处理的精度。影响叠前深度偏移精度的最重要的因素是速度-深度模型。建立速度-深度模型的依据来源于两个方面：第一是时间域处理结果，包括叠前、叠后的数据；第二是地质先验知识及当前的地质认识，时间域处理的结果也是这些认识的依据。同时，叠前深度偏移对速度敏感性很高。基于上述原因，叠前深度偏移技术要求叠前地震资料有较高的信噪比。高信噪比的叠前数据有利于提高速度分析的精度，加快迭代逼近速度，同时可以保障构造解释的准确性，所以在叠前深度偏移前必须做好时间域处理工作。

叠前深度偏移具体操作流程如下。

1）道集准备

叠前深度偏移所需要输入的地震资料是常规处理中提供的 CMP 道集，道集的质量好坏直接影响叠前偏移最终成果的质量，所以在本次攻关过程中通过前面叙述的综合叠前去噪技术及保持振幅处理技术，提供了一个最佳的 CMP 道集，为叠前深度偏移打好基础。

在数据准备中重点体现了以下关键技术：一是提高叠前数据的保幅保真去噪技术，在振幅相对保持下的噪声压制技术，是提高信噪比处理的关键。不同类型的噪声有不同的特征，针对性地选取不同的去噪方法，采用渐进的、多域的去噪思路，在叠前去噪-分频压制噪声的基础上，采取更加有针对性的低信噪比资料叠前去噪方法，提高信噪比。二是采取保持振幅的补偿处理技术。德惠断陷火山岩与围岩在叠前地震资料上深层能量差异较大，处理不当会使得火山岩特征不清晰。在提高道集质量的基础上，对地震资料的能量和频率补偿进行研究，消除表层吸收、大地吸收以及火成岩造成的能量屏蔽引起的能量与频率损失，尽可能地恢复深层地震资料能量与频率成分。

2）偏移参数优选

偏移孔径选择，应以偏移成像准确为前提尽可能缩小孔径、提高偏移效率。偏移孔径太大，增大运算量噪声成分大；偏移孔径太小，数据量不够偏移归位不准。经过对比分析认为（如图 3.80—图 3.84），偏移孔径 10000 m 偏移成像效果较好，断面清楚。

3）拉伸因子选择

合理的拉伸因子既保持资料的整体的波组特征，又保持适中的信噪比。经过对比分析（如图 3.85—图 3.88）认为拉伸因子参数等于 2 时，既保持了资料的整体波组特征，又保持了适中的信噪比。

4）反假频因子选择

反假频是否合理直接影响剖面的波组特征，参数不合理会引起资料的波组特征不清，断点模糊。经过对比分析（如图 3.89—图 3.91）认为反假频参数等于 2 时，资料整体的波组特征清楚、断点清晰。

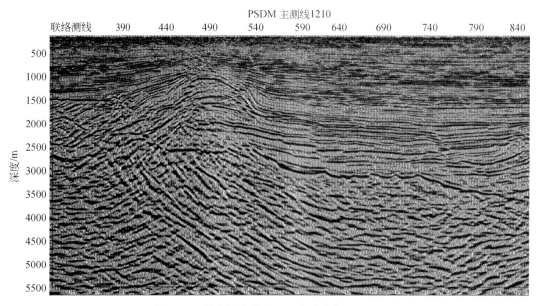

图 3.81　叠前深度偏移——偏移孔径 9000 m

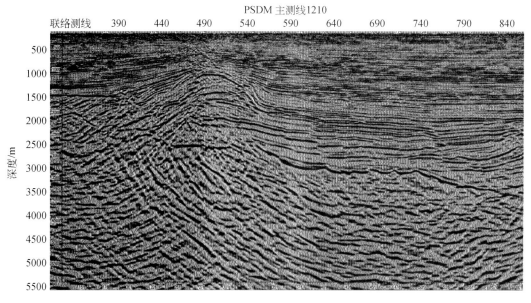

图 3.82　叠前深度偏移——偏移孔径 10000 m

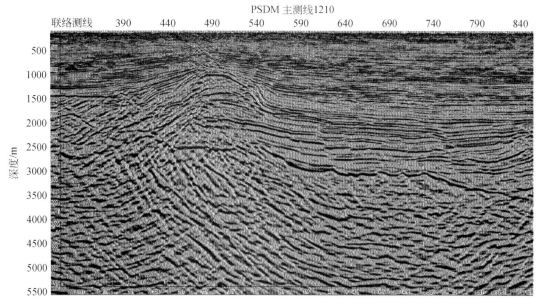

图 3.83　叠前深度偏移——偏移孔径 11000 m

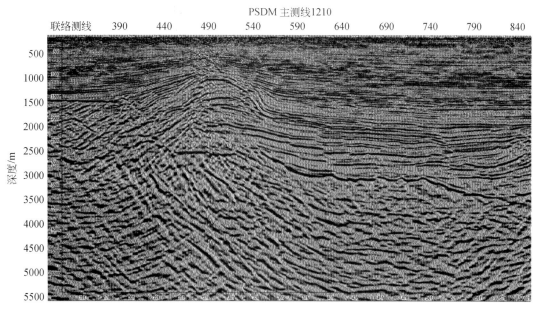

图 3.84　叠前深度偏移——偏移孔径 12000 m

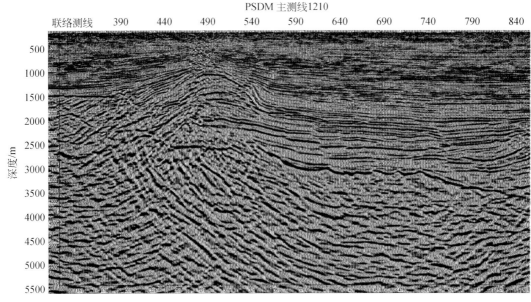

图 3.85　叠前深度偏移——拉伸因子为 1

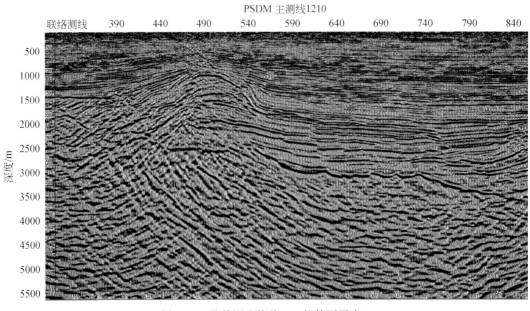

图 3.86　叠前深度偏移——拉伸因子为 2

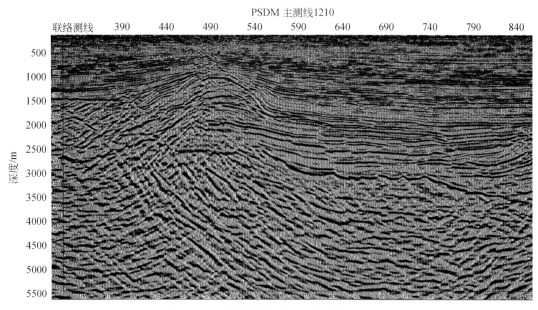

图 3.87　叠前深度偏移——拉伸因子为 3

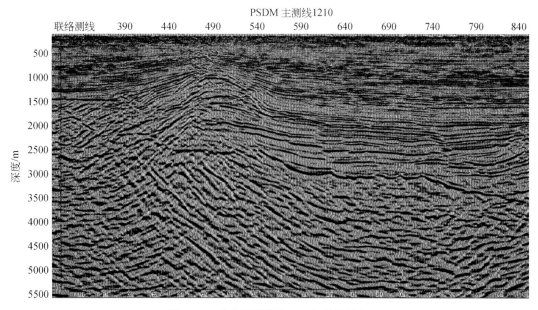

图 3.88　叠前深度偏移——拉伸因子为 4

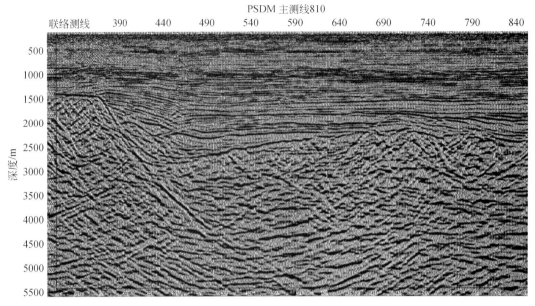

图 3.89　叠前深度偏移——反假频因子为 1

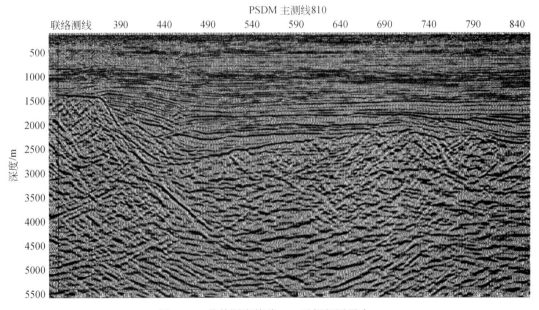

图 3.90　叠前深度偏移——反假频因子为 2

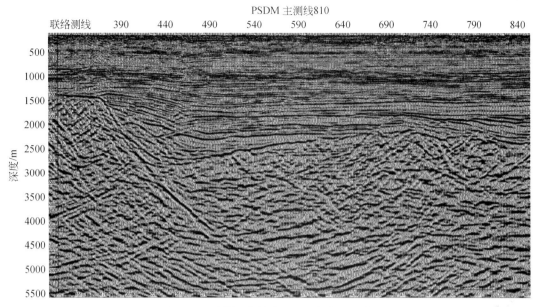

图 3.91 叠前深度偏移——反假频因子为 3

5）时间模型的建立

叠前深度偏移成像的基础是建立一个准确的速度–深度地质模型。为了求取层速度，首先要建立时间层位模型。通过叠前时间偏移处理，建立一个相对合理的速度场后，得到叠前时间偏移剖面。通过分析可知，绕射波收敛、断层断点较为干脆、断面清晰，火山岩构造轮廓也较为清楚。在叠前时间偏移剖面上进行层位拾取，并且在拾取过程中与地质人员共同分析深层火山岩构造特征、边界轮廓，最大限度地接近实际地质模型，从而保证时间模型的准确性，为速度模型的建立打下基础。

在拾取过程中，通过加密拾取层位进一步提高速度模型的精度，精细刻画复杂构造特征、强化速度模型与地质模型的关联。如图 3.92 所示，通过对火山岩轮廓及以下层位进行拾取，层位较为稀疏，获得的速度模型，如图 3.93 所示。另外精细加密对火山岩轮廓及以下层位进行拾取，层位拾取间隔为 200 ~ 300 ms，如图 3.94 所示，获得的速度模型如图 3.95 所示。分别采用上面两个速度模型进行叠前深度偏移处理，从结果来看，与图 3.96 相比较，图 3.97 偏移效果较好、断面较为清楚、绕射断面波收敛较好，说明速度较为合理。上面的分析进一步证实了合理拾取层位、进一步建立合理的地质模型的重要性。

6）速度模型的建立及优化

深度–速度建模是叠前深度偏移处理工作的核心，包括初始模型的建立与模型优化迭代。叠前深度偏移模型优化的主要思路：在叠前时间偏移处理结果的基础上进行构造模型解释，再用叠前时间偏移的速度分析结果作为初始模型进行叠前深度偏移，在速度迭代过程中对速度模型变化过程的合理性予以分析、研究（如图 3.98）。

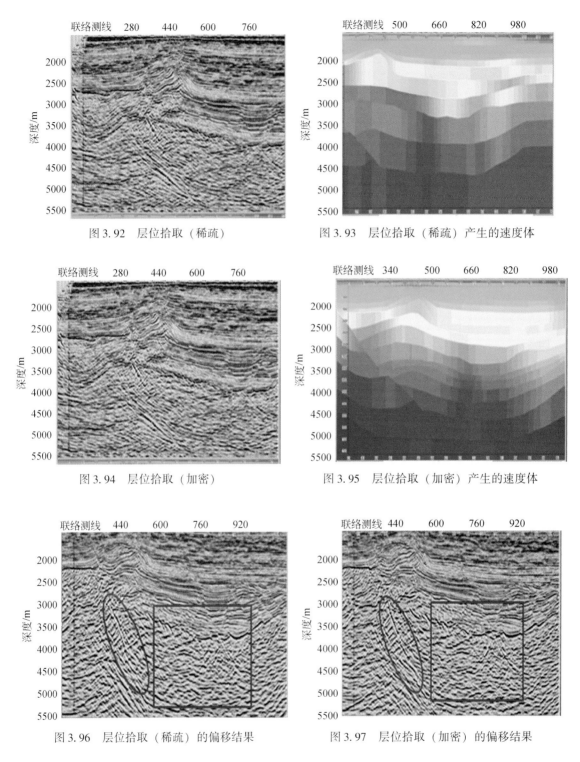

图 3.92　层位拾取（稀疏）　　　　　　　图 3.93　层位拾取（稀疏）产生的速度体

图 3.94　层位拾取（加密）　　　　　　　图 3.95　层位拾取（加密）产生的速度体

图 3.96　层位拾取（稀疏）的偏移结果　　　图 3.97　层位拾取（加密）的偏移结果

　　速度建模采用综合建模的思路，采用垂向剩余速度分析、剩余延迟时分析等多种分析方法相结合来提高速度建模的精度。采用了层速度更新、层析成像两种方法进行目标偏

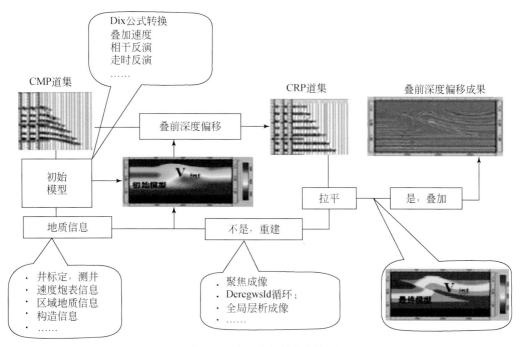

图 3.98　速度建模的基本流程

移，计算剩余延迟谱，进行剩余延迟时拾取，网格化产生剩余延迟图，接着进行层速度更新。对每一条目标线进行反复迭代，直到其延迟量最小、CRP 道集拉平、成像效果达到较好。最终得到速度–深度模型进行叠前深度偏移处理。

建模指导原则是一体化处理，物探与地质有机结合。速度建模多次迭代，拾取最佳速度。速度模型的验证标准以以下几个方面为准则一是层速度模型符合地质规律，二是 CRP 道集必须拉平，三是偏移成果与井资料吻合。建模方式采用 CVI 层析反演速度建模，垂向剩余曲率速度建模、沿层速度建模、网格层析速度建模相结合的方式建立适合该区的速度模型，使得该区复杂构造特别是火山岩能够得到合理成像。

7）垂向剩余速度分析

在初始的深度域速度更新过程中，首先采用垂向剩余速度分析，分析网格为（500×500）m，尽可能拾取质量可靠的能量团，对于能量较弱、偏离中心线较远的能量团不进行拾取，这样可以保证初始的深度域速度模型能得到合理的更新，可以获得相对准确的速度模型。

垂向剩余速度分析注重的是垂向速度变化，不考虑横向关系，依靠平滑消除横向速度的不均匀性。从图 3.99 和图 3.100 所示进行垂向剩余速度分析前后的速度谱及 CRP 道集可以看出，垂向剩余速度分析后，延迟时进一步趋于零值，CRP 道集也进一步拉平，说明速度趋势进一步合理。垂向剩余速度分析的主要目的是为沿层剩余延迟时更新迭代提供相对合理的速度。如果初始的速度场偏离真实速度场太远，在沿层剩余延迟时更新过程中可能得不到好的效果。

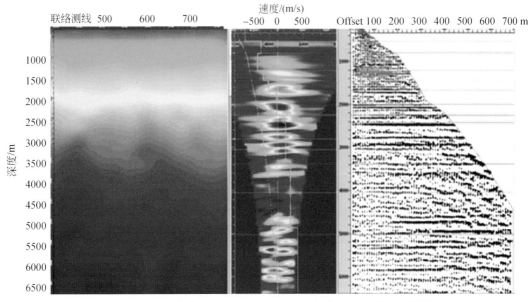

图 3.99　垂向速度优化前的速度剖面（左）、速度谱（中）及 CRP 道集（右）

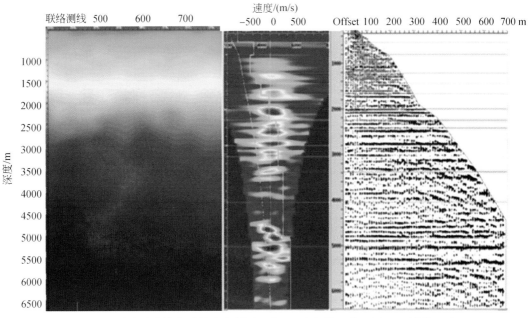

图 3.100　垂向速度优化后的速度剖面（左）、速度谱（中）及 CRP 道集（右）

8）沿层剩余速度分析

通过垂向剩余速度分析取得相对准确的层速度场后，结合建立的实体模型更新深度域实体模型得到深度域沿层的速度模型。判别速度是否准确的重要准则是剩余的深度域延迟时尽量趋于零值，CRP 道集拉平。在本次沿层速度更新迭代过程中，为取得合理的速度模型，共进行六轮迭代。

　　从图 3.101 分析，在剩余延迟时分析过程中，每五个 CRP 点产生一个剩余延迟时，有利于得到更合理的剩余延迟时，也能得到更合理的层速度趋势。从每次的速度更新迭代可以看出，沿层剩余延迟时逐渐趋于零值，从相对应的层速度 map 图中也可以看出沿层的速度趋势趋于合理（如图 3.102）。从每次更新后的速度模型得到的目标线叠前深度偏移对比可以看出，断层断面逐渐清楚、绕射也逐渐收敛、基底轮廓逐渐凸显出来（如图 3.102）。

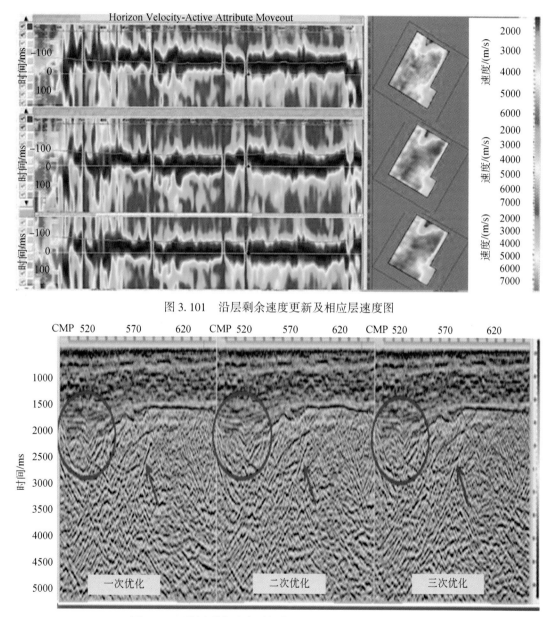

图 3.101　沿层剩余速度更新及相应层速度图

图 3.102　沿层剩余速度更新前后对比分析图（三次优化）

速度建模技术采用垂向模型调整结合沿层层位控制，有效地改善了成像效果，正确描述了地下地质构造。在沿层深度域剩余速度优化过程中，第二、三轮重点针对浅中层进行速度更新优化；第四、五轮重点针对中深层进行速度更新优化；第六轮参考前几次速度优化结果综合考虑速度变化趋势进行速度调整（如图3.103）。

从图3.104和图3.105可以看出，速度更新后，基底绕射、断面波收敛较好，构造高点位置成像较好，特征较为清楚。

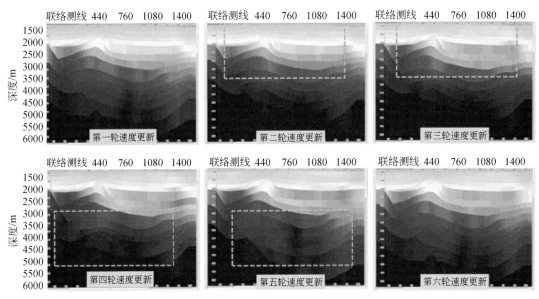

图3.103　沿层剩余速度更新前后对比分析图（六次优化）

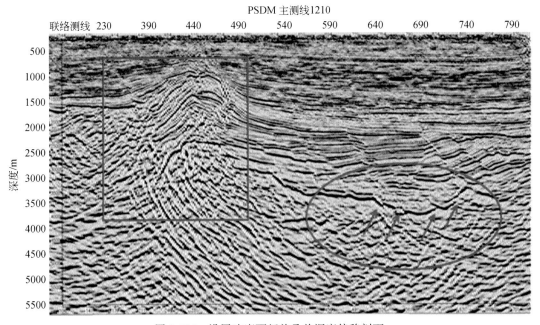

图3.104　沿层速度更新前叠前深度偏移剖面

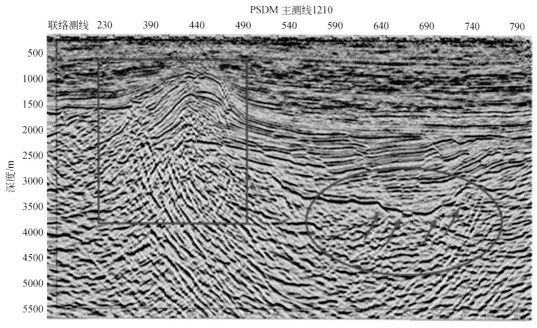

图 3.105　沿层速度更新后叠前深度偏移剖面

9）基于网格层析成像的速度优化

基于层位的层析成像和基于实体模型的层析成像技术主要考虑大套层位的平均层速度，对层间的层速度具有平均效应，对层内大部分同相轴是合适的。对于复杂构造，无论基于层位建模和基于实体建模，速度模型与实际会有一定的偏差。基于网格的层析成像技术可以对基于层位的层析成像技术和基于实体模型的层析成像技术建立的速度模型进行一定程度的修正，主要通过拾取同相轴剩余曲率的误差，把每个深度偏移 CRP 道集的每个较强同相轴拉平。

基于网格层析成像的速度优化流程主要过程包括以下几个步骤。

一是建立构造属性体，根据叠前深度偏移的叠加体结果，确定每个深度点的倾角、方位角以及连续性。输入为叠前深度偏移后叠加数据体，输出为倾角体、方位角体和连续性体（如图 3.106）。

二是网格层析层位（inter-layer）自动拾取，根据叠前深度偏移的叠加体结果，利用帕拉代姆追踪技术，用种子点进行自动追踪拾取一系列用于网格层析成像的层位（iner-layer），产生层位网格（如图 3.107）。

三是利用 FASTVEL 软件根据深度偏移 CRP 道集自动拾取较强反射同相轴的曲率，形成剩余延迟体，存在剩余曲率的反射同相轴说明速度需要进一步调整（如图 3.108）。

四是综合前面形成的倾角体、方位角体、连续性体、剩余延迟体以及深度偏移叠加、CRP 道集、层位等信息，形成数据库保存三维构造信息和相关属性。

最后利用网格层析成像技术更新层位速度。

具体过程是：层析成像方程与沿着指定射线的旅行时误差线性相关，从反射点到地表，用不同的反射角和方位角，进行射线追踪。从没拉平的偏移 CRP 道集和层析成像目

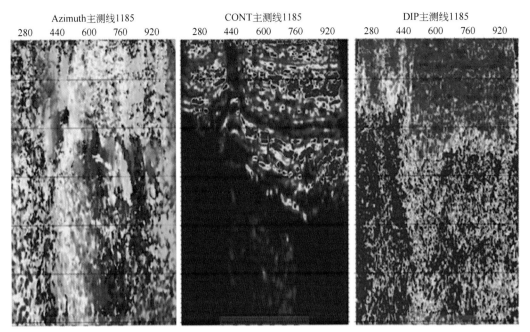

图 3.106　方位角体、连续性体、倾角体

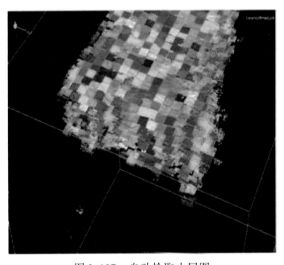

图 3.107　自动拾取小层图

标进行旅行时误差估计，利用最小平方方式，找到一个最优的更新参数，使全局的旅行时误差最小。在下一次叠前深度偏移中，能让偏移结果与地质模型更加接近，偏移的 CRP 道集更平。

　　基于网格的层析成像速度优化是在速度整体较为准确的基础上，细微调整层间速度，是对沿层速度优化的有效补充。基于网格的层析成像速度更新后，对比分析前后速度差别不是很大，在大套层位之间对垂向速度进行了更新（如图 3.109）。从采用基于网格的速度优化后的速度体进行叠前深度偏移效果分析，由于基于网格的层析反演速度优化只是对速度体的层间速度做细微调整，速度更新前后偏移效果差别不大（如图 3.110）。

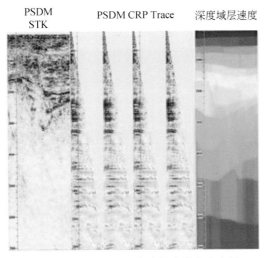

图 3.108　FASTVEL 自动拾取剩余曲率图

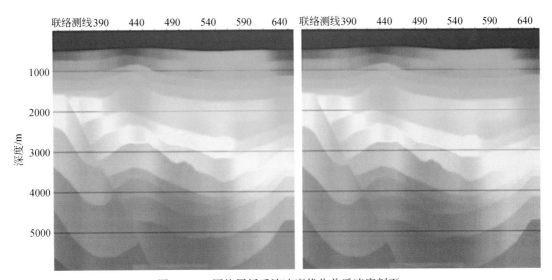

图 3.109　网格层析反演速度优化前后速度剖面

引进 GeoEast 处理软件后, 采用基于数据驱动的网格层析速度优化技术 GS-tomo, 获得更加准确的速度, 对深层复杂构造火山岩气藏合理成像, 在德惠连片处理中取得良好效果。

GeoEast-Tomo 是基于射线的网格层析反演系统 (图 3.111), 它的主要功能是更新深度域层速度模型, 建立 VTI, TTI 场等, 是地震层析成像的一种。

每次迭代具体分为以下几个步骤: ①在指定网格上进行 3D 叠前深度偏移, 输出全偏移距 (或角度) 道集; ②在叠前深度偏移道集上进行同相轴密集连续自动拾取, 确定同相轴; ③确定相干系数和曲率, 剩余深度差等参数; ④在叠加剖面上拾取倾角场; ⑤基于自动拾取过程中求出的剩余深度差和估算出的局部倾角场, 进行射线追踪, 记录旅行时和路径, 建立方程组, 反演速度改变量。

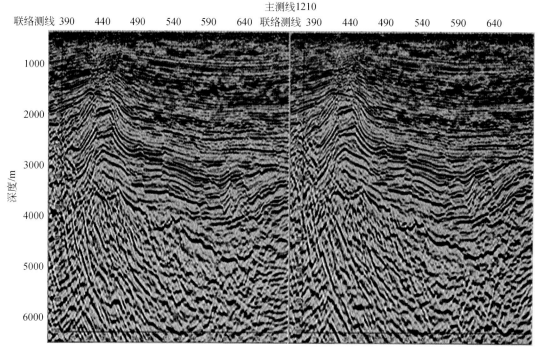

图 3.110　网格层析反演速度优化前后深度偏移剖面

最小化成本函数$C(m)$:

$$C(m) = \sum_{x,\,y} \sum_{\text{events}} \sum_{h} \| Z_{\text{event}}(h) - Z_{\text{event}}(h_{\text{ref}}) \|^2 + \beta \cdot \sum_{m} \| m_{\text{init}} - m_{\text{current}} \|^2 + \cdots$$

$\underbrace{\qquad\qquad}_{\text{CIG未校平程度}}$　$\underbrace{\qquad\qquad}_{\text{规则化+地质约束}}$

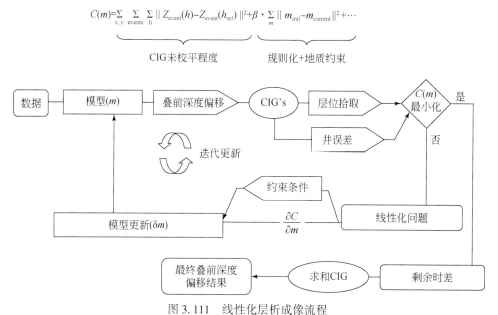

图 3.111　线性化层析成像流程

　　层析成像的输入信息必须是准确的信息，例如没有多次波。同时，所使用的信息要得到充分的采样，这样可以求解模型中所需要的细节信息。大网格意味着反演有限的参数，反演速度较快，计算成本小，但是限制了小尺度不均匀体的识别，尤其对于浅层异常体更为重要，浅层异常体对深层起着"模糊透镜体"的作用。由于深层速度敏感性较低，在对深层的速度进行优化时，层析可以在较大尺寸的网格上进行。

　　在实际应用中，通常开始所用的约束条件较少，尽可能得到由地震数据驱动的结果，为了使处理过程更加稳定，可以在后续迭代中增加约束条件。对于后续的每次迭代，当越来越接近可接受的模型，并且想刻画更为精细的速度特征时，需要减小层析反演的网格大小。

　　如果一开始就采用最小尺寸的网格，那么层析成像的目标函数将存在陷入局部最小值而导致模型失真的危险，这种失真模型在后续的迭代中是很难得到修正的。图 3.112 是德惠地区拾取的倾角场、自动曲率及速度更新后的速度场。从图 3.113 和图 3.114 的对比分析看出，速度场优化后，偏移成像的精度进一步提高。

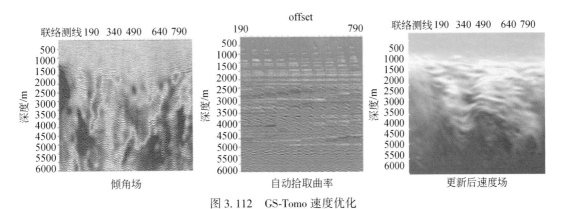

图 3.112　GS-Tomo 速度优化

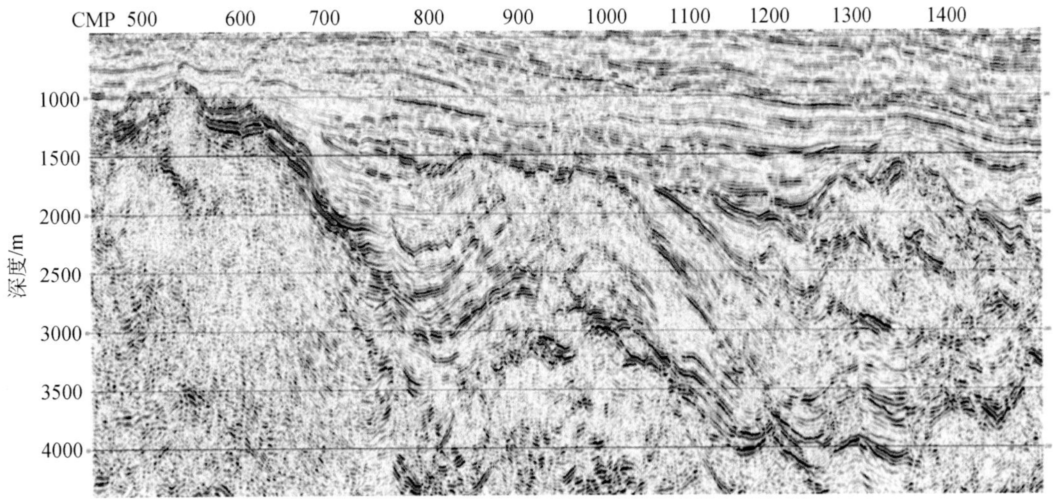

图 3.113　以往处理成果

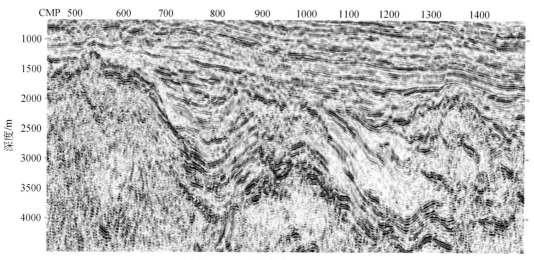

图 3.114　速度优化处理成果

10）叠前深度偏移在德惠区块的具体应用

德惠断陷深层地层接触关系复杂，地层倾角较陡，边界接触关系不清，地震成像困难，地质构造需要重点认识。所以提高资料的成像精度是处理的最终目的。在提高叠前道集资料品质、建立较为准确的深度模型的基础上，采用叠前深度偏移处理技术，能有效改善中深层地层的信噪比和成像质量，特别是改善火山岩及其围岩的成像质量。

从图 3.115 可以看出，偏移归位合理、火山岩轮廓及内幕成像精度明显提高。从图 3.116 可以看出，断裂带清晰、断点清楚。从图 3.117 分析，中浅层断点、断裂带清晰，深层构造轮廓进一步清楚可靠，火山通道较老剖面有较大改善。

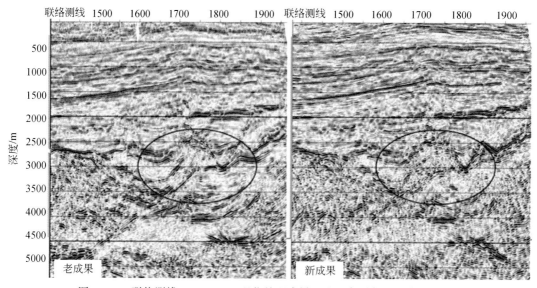

图 3.115　联络测线 1500～1900 以往处理成果（左）与重新处理成果（右）

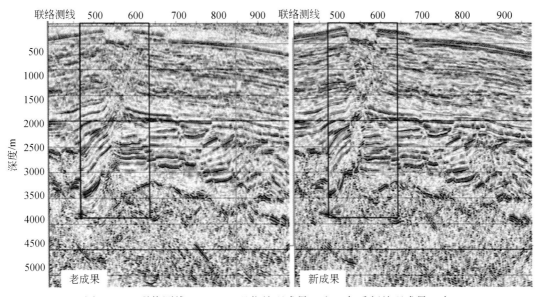

图 3.116　联络测线 500～900 以往处理成果（左）与重新处理成果（右）

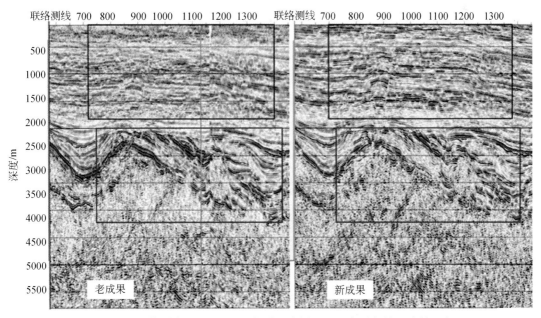

图 3.117　联络测线 700～1300 以往处理成果（左）与重新处理成果（右）

　　德惠断陷 CRP 振幅处理：经定量分析，从叠前偏移处理前后道集能量的变化关系看，目前叠前偏移处理软件处理得到的结果改变了偏移前能量的变化规律。主要表现是近偏移距能量受到了削弱，偏移距越小，受削弱的程度越大。

　　解决思路：利用工区测井记录，进行 AVO 正演。以此为基础，对叠前偏移处理后的 CRP 道集进行匹配处理，从而使经过叠前偏移处理后近偏移距振幅受到了严重削弱的能量关系得到恢复，为叠前地震反演提供可靠的基础数据。

3. 2. 3. 12 　叠后保幅提高信噪比处理

深层处理叠前去噪主要针对强能量干扰及相干噪声处理,经过处理后资料的信噪比得到较明显的改善。处理重点是保证深层构造清楚、断点清晰、不改变火山岩特征,使其轮廓清晰、内幕清楚。所以为保持资料波组特征,只在最终叠前深度偏移的基础上进行随机噪声衰减处理,从去噪前后剖面的效果对比来看,信噪比得到一定程度的改善,剖面背景自然,随机干扰衰减,波组特征没有发生改变。

3. 2. 3. 13 　火山岩叠前偏移成像方法

由于火山岩特征与沉积岩不同,地震波在火山岩中的传播路径、振幅都与在沉积岩中不同。常规的克希霍夫叠前深度偏移属于积分法偏移,不能精细描述火山岩的传播路径,这使得偏移后的火山岩振幅特征、相位特征都有一定的偏差。

ES360 叠前角度域深度偏移是基于局部角度域的全方位地震资料处理成像系统,是目前唯一能用来对地震数据进行全方位处理和分析,生成三维共反射角角道集,提供准确的各向同性/各向异性地下速度模型、构造属性、介质属性和储层属性的工具,也是裂缝碳酸盐岩储层等非常规天然气资源勘探有效的成像和分析手段。能够提供复杂构造中火成岩侵入体以及高速碳酸盐岩的高精度成像,进而为各向异性层析成像、裂缝预测以及了解储层特征提供优化的解决方案。

ES360 叠前角度域深度偏移通过选择镜像反射叠加的方式,有效提高信噪比,最大限度地获得复杂构造的成像精度。偏移之后的全方位方向角道集散射加强叠加,可以使得构造边界的刻画也更加清晰,如图 3.118。

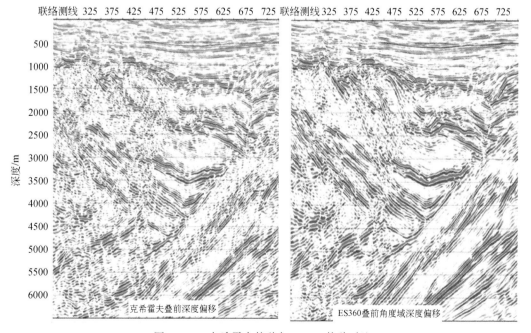

图 3.118 　克希霍夫偏移与 ES360 偏移对比

通过 ES360 镜像加强叠加完成复杂构造及地质异常体的高精度成像,进一步提高成像质量。成果剖面地层成像、接触关系和断面成像更加清晰可靠,火山岩形态落实。同时,ES360 高精度成像消除了克希霍夫偏移画弧的影响,保证了成像的真实可靠性。ES360 高精度地震成像生成的全方位方向角道集包含有镜像能量和散射能量,二镜像能量所反映的是地层倾向的法向能量,具有很好的成像属性。通过选择镜像反射叠加的方式,可以最大限度地获得复杂构造的成像精度。由于该成像属性的选择是在叠前完成的,是保真度很高的叠前去噪。适用于复杂地区的信噪比地震资料成像处理。

图 3.119 可见火山岩体边界轮廓、构造形态、接触关系更清晰;图 3.120 可见火山岩体边界轮廓更清晰;图 3.121 可见镜像加强叠加改进成像质量,火山岩构造形态更清晰;图 3.122 可见接触关系、断裂成像更清晰。断面、断点成像显著改善。

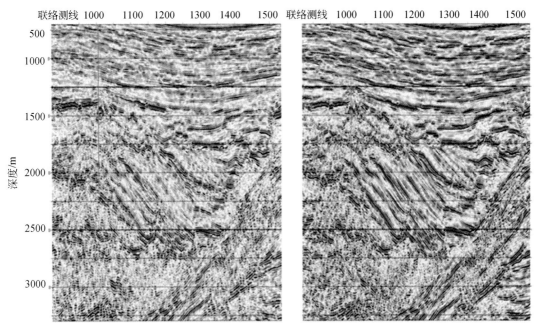

图 3.119　德深 32 井克希霍夫偏移(左)与 ES360 偏移(右)对比

3.2.4　质量保证体系及质量控制

质量控制在资料处理中起着至关重要的作用,如果没有很好的质量控制和牢固的基础工作,新技术、新方法也起不到积极的作用,在项目运行过程中,采用如下表所示的技术保证体系及质量保证体系,进行层层把关。

在处理过程中,针对每一控制点通过多种手段进行监控。通过纵向及横向严格的质量控制,保证可以及时发现原始资料存在的问题和资料处理过程中的错误和漏洞,并及时进行纠正与修改,使处理按时高质量的完成得到有力的保障。在处理过程中主要的质量控制点如下。

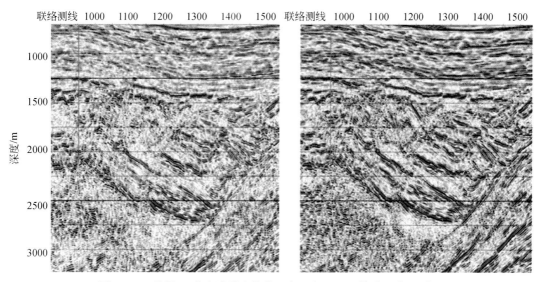

图 3.120　德深 21 井克希霍夫偏移（左）与 ES360 偏移（右）对比

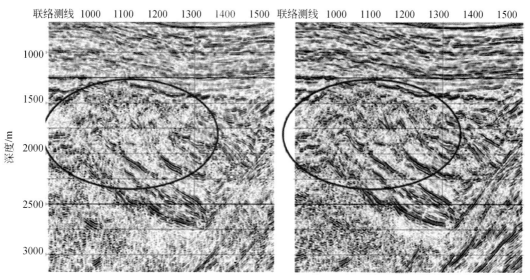

图 3.121　德深 80 井克希霍夫偏移（左）与 ES360 偏移（右）对比

（1）预处理阶段。检查观测系统定义，绘制整个区块的炮点、检波点位置图，显示线性动校正后的初至（图 3.123），用这两种手段可检查野外提供的和室内定义的观测系统是否正确。绘制面元的彩色覆盖次数图，用于分析覆盖次数，并对观测系统的定义做进一步的检查。

（2）去噪效果检查。输出去噪前后的剖面和噪声剖面（3.124），检查处理参数选择是否合理，确保去噪后的剖面波形自然，波组特征清楚。

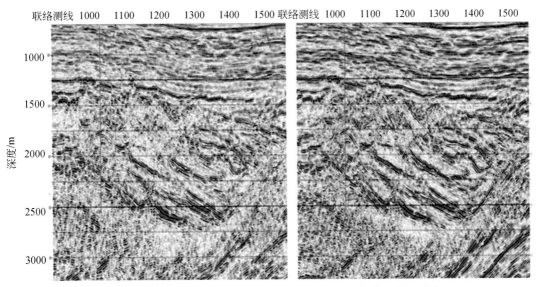

图 3.122　德深 7 井克希霍夫偏移（左）与 ES360 偏移（右）对比

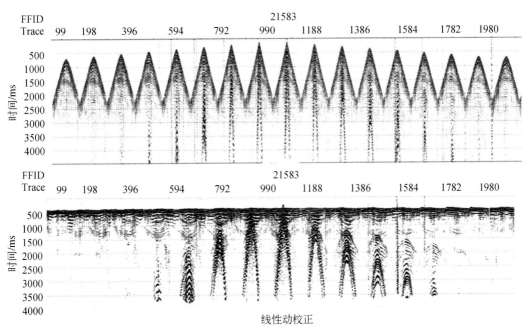

图 3.123　线性动校正检查

　　（3）能量补偿阶段。从补偿的振幅曲线来分析补偿是否合理，是否达到振幅均衡的目的（图 3.125）。

　　（4）静校正阶段。绘制工区的地表高程平面图、模型法炮点和检波点野外静校正量平面图、层析静校正平面图、综合静校正平面图，根据综合静校正与野外静校正的镜像关系来判断静校正的正确性与合理性。通过对比层析静校正加剩余静校正前后的剖面

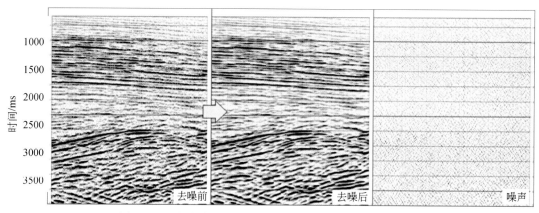

图 3.124　去噪前（左）后（中）的剖面和噪声剖面（右）

（图 3.126）并绘制折射波静校正前后的共偏移距剖面，对比剩余静校前后叠加剖面效果（图 3.127）及定量分析剩余静校正量来对静校正阶段进行质量监控。

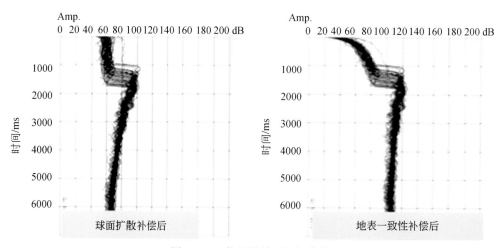

图 3.125　能量补偿后振幅曲线

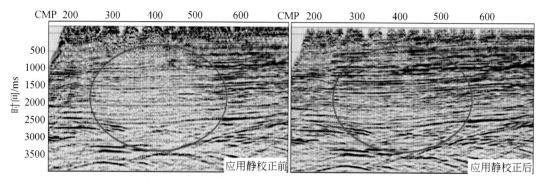

图 3.126　层析静校正加剩余静校正前后的剖面对比

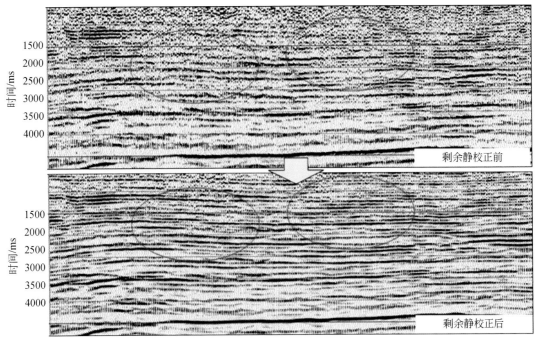

图 3.127　剩余静校正前（上）后（下）叠加剖面效果对比

（5）反褶积效果检查。通过自相关剖面、频谱分析和频率扫描，检查频带宽度和主频，保证在拓宽频带的同时，信噪比适中。根据井合成地震记录，检查反褶积参数是否合理。

（6）初步叠加阶段。在这个阶段绘制叠加剖面，纵观线叠加剖面的资料品质，找出资料品质的变化情况，并结合工区的地形图、静校正数据的平面图、现场处理剖面以及老资料进行综合分析，判断上一阶段处理过程是否存在问题，这也是对初叠以前的各步处理的再次质量控制。

（7）速度分析阶段。主要是用动校正道集和叠加效果来检验叠加速度的精度，采用速度谱拾取、百分比扫描相结合的手段，在速度分析的同时监视动校正前后的 CMP 道集是否拉平，叠加剖面的扫描段和即时叠加段成像效果。在拾取速度的同时还可参照前后、左右的速度谱，最后从纵、横两个方向的速度等值线剖面和速度切片检查速度在空间上变化的合理性。均方根速度场和层速度场的更新方法主要采用叠前偏移与剩余速度分析迭代（图 3.128），根据 CRP 道集的平直与否、剩余速度校正量值是否为零值、成像精度是否提高来判断速度场更新准确与否。

（8）偏移效果检查。首先检查偏移速度是否合理，通过水平叠加与常规偏移对比检查偏移剖面上绕射波是否收敛，反射波是否归位。然后通过常规偏移与叠前偏移对比检查断点、断面是否更清晰，层间内幕是否更清楚，基底形态是否更突出，西北缘成像精度是否得到提高。

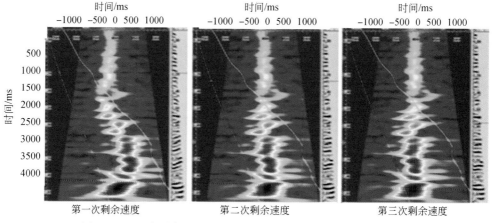

图 3.128　垂直剩余速度（左）与沿层剩余速度（右）更新迭代

3.2.5　效果分析

1. 频率分析

采用频率扫描（图 3.129—图 3.134）和频谱分析（图 3.135）相结合分析偏移剖面的频谱特征及有效波的频率范围。从处理结果的分频显示来看，有效信息 70 Hz 以上，甚至80 Hz 仍有良好的反射信息。同时 6 ~ 10 Hz 的低频信息得到较好的保护，主要是由于处理过程中去除低频噪声干扰时，很好地保护了低频有效信息，同时严格限制高截频和低截频的使用，结合频谱分析可以看出，本次处理成果主要目的层段有效频带较宽，高低频信息丰富。

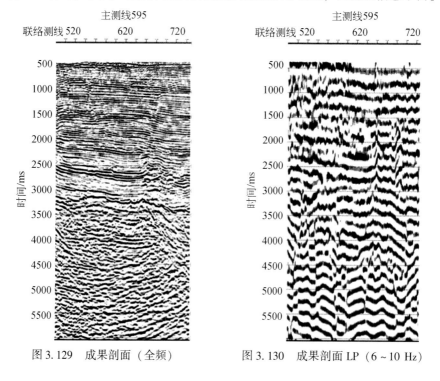

图 3.129　成果剖面（全频）　　　　图 3.130　成果剖面 LP（6 ~ 10 Hz）

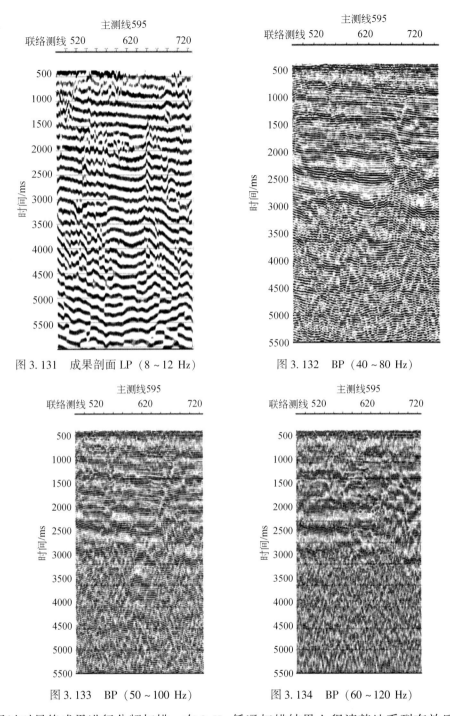

图 3.131　成果剖面 LP（8~12 Hz）　　　　图 3.132　BP（40~80 Hz）

图 3.133　BP（50~100 Hz）　　　　　　图 3.134　BP（60~120 Hz）

通过对最终成果进行分频扫描，在 8 Hz 低通扫描结果上很清楚地看到有效反射。说明本次处理成果 8 Hz 以下低频有效信息非常丰富。通过频谱分析和频率扫描，对最终数据体的主要目的层频率进行综合分析：处理成果的 T_2 有效频带为 6~95 Hz，视主频 43~47 Hz。T_4–T_5 有效频带为 6~80 Hz，视主频 34~38 Hz 左右。

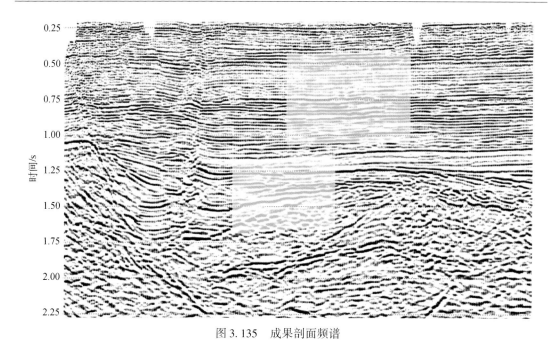

图 3.135　成果剖面频谱

2. 波组特征分析

目的层构造特征较为清楚，信噪比高，能量关系清楚，层间信息较为丰富，较好地突出了层间的弱反射信息，如图 3.136。

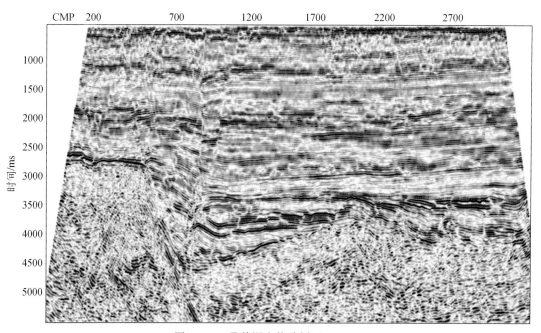

图 3.136　叠前深度偏移剖面 INL810

3. 偏移成像分析

针对深层的叠前深度处理后火成岩及下覆内幕较为清晰、深层火成岩成像效果相对较好（如图 3.137）。剖面整体信噪比较高，波组特征清晰，断层断点、断面较为干脆，基底轮廓清楚。

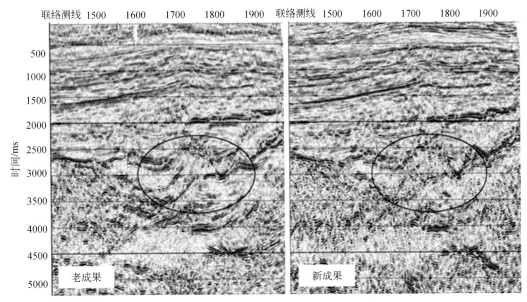

图 3.137　联络测线 1500～1900 处理成果对比

与以往处理成果相比较，绕射波收敛，反射波归位，目的层构造特征较为清楚、断点清晰，断层成像效果较好。

针对深层连片处理后深层构造轮廓清晰、完整，从图 3.138 看出深层构造轮廓清晰、

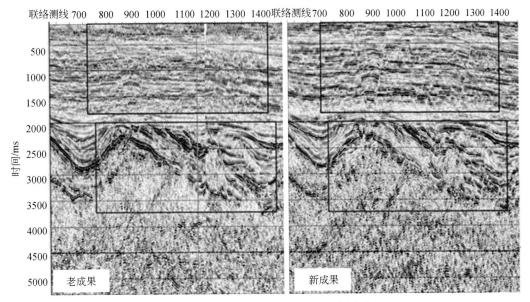

图 3.138　联络测线 700～1400 处理成果对比

完整，振幅均衡、相位一致性好。

处理后成果振幅均衡、相位一致性好，断层清晰、断点干脆，深层构造轮廓清晰、完整，波组强弱特征明显，如图 3. 139 和图 3. 140 所示。

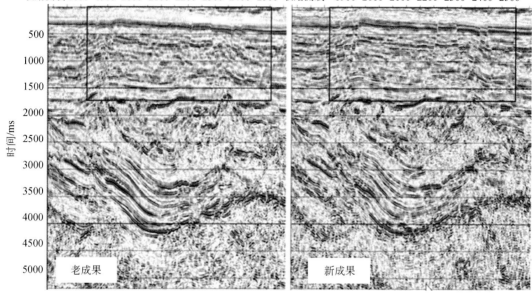

图 3. 139　处理成果（主测线 1150）

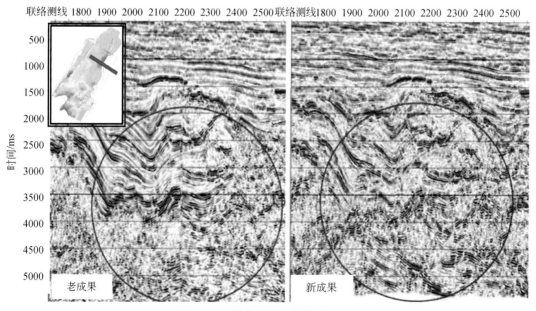

图 3. 140　处理成果（主测线 1300）

3.2.6　处理成果及结论建议

1. 德惠深层处理成果展示

通过有针对性的叠前去噪、振幅补偿及综合的静校正处理，提高了德惠断陷资料整体的信噪比，反射同相轴连续，消除了由于静校正问题引起的虚假构造；深层能量较为均衡，消除了非地质因素引起的振幅变化。

针对深层的偏移成像处理主要包括建立合理的速度场，对速度场的质量控制，偏移成像方法的选择，速度场的更新迭代等，处理成果剖面绕射波收敛，反射波得到较好归位，断点干脆，断面清晰，同时深层地层接触关系清晰，基底形态突出，特殊地质现象明显，尤其是火成岩轮廓刻画得比较清楚，有利于精细目标解释。应用叠前深度偏移后，深层地震成像效果有进一步改进，边界断层更清晰、不同火山岩体之间振幅差异性进一步提高、火山岩内幕更清晰。基底大断裂下面成像精度提高；火山岩与围岩接触关系明确，火山轮廓更加清楚。图 3.141 和图 3.142 整体展示了处理效果。

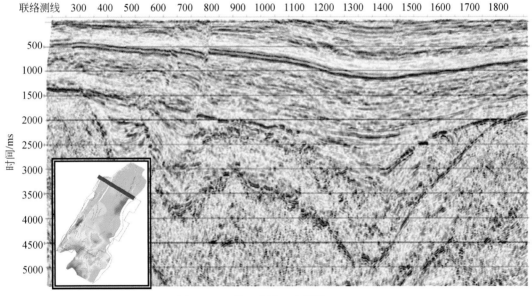

图 3.141　处理成果（主测线 2500）

2. 深层其他地区处理效果展示

除德惠断陷外，梨树断陷、长岭断陷和伏龙泉断陷均采用针对深层的处理技术，包括叠前保幅去噪、地表一致性处理、叠前提高分辨率处理、叠前时间偏移及深度偏移处理，处理效果亦都得到明显改善。深层构造轮廓清楚、波组特征清晰、断层断点干脆、深层复杂地质异常体现象特征明显，见图 3.143。

3. 深层地震成像技术结论建议

近几年通过对深层针对性处理，不断优化速度模型及叠前深度偏移方法，火山岩成像

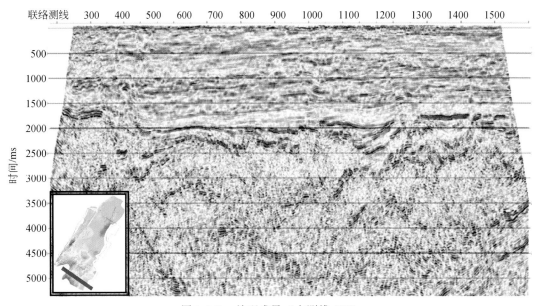

图 3.142　处理成果（主测线 400）

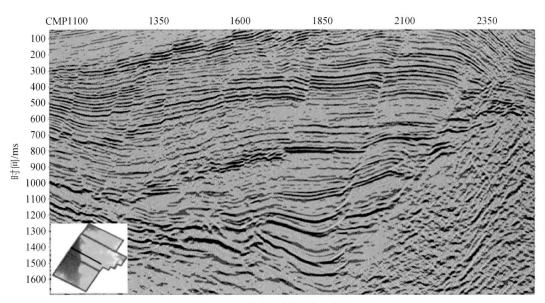

图 3.143　伏龙泉断陷处理成果

精度逐步提高，今后要更加注重以下几个方面的研究。

（1）明确地震资料中火山岩、基岩反射特点，处理重点突出其反射特征。

（2）开展 DIVA 混合速度建模及 GS-Tomo 网格层析成像的速度优化。

（3）开展 OVT 处理技术研究，以便开展裂缝预测研究。

（4）适合火山岩成像的方法研究（ES360 叠前深度偏移）。

同时在基岩成像研究过程中，注重开展 OVT 处理（OVT 面元划分质控、CMP 道集与 OVT 的关系，OVT 叠前道集准备、OVT 叠前时间偏移、蜗牛道集、与方位相关的时差分析（包括 OVT 偏移道集剩余时差拾取、方位各向异性速度反演、方位各向异性校正），提供合理的 OVT 道集，进行叠前裂缝预测分析。

第4章 火山岩地震资料解释技术

4.1 构造精细解释技术

地震资料解释工作是地震勘探的重要环节。地震野外工作获得的原始资料经过室内处理后，得到可供解释的地震剖面和其他成果图件，解释人员要对这些资料进行分析研究，从而达到了解、推断地下地质情况的目的。但是地下情况是很复杂的，地震剖面上的许多现象既可能反映地下的真实情况，也可能是某些假象。再者，地震剖面上的同相轴只能大致反映地下地层的起伏形态，至于每一层是什么岩性的地层，还是不清楚的。所谓地震资料的解释工作就是利用地震剖面及其他物探资料和地质、钻井资料，解决这些问题，完成如下任务。

首先，进行波的对比、运用地震波在传播规律方面的知识，对地震剖面进行去粗取精、去伪存真、由此及彼由表及里的分析、研究，识别出真正来自地下地层的反射波。并且把一个剖面上属于地下同一地层的反射波识别出来；把不同剖面之间属于地下同一地层的反射波识别出来。

其次，进行地震剖面的地质解释。根据钻井资料和各种地层的反射波在地震剖面上的特征推断地震剖面上各反射层所对应的地质层位，以及分析地震剖面上所反映的各种地质现象，如断层、地层尖灭、不整合、古潜山等。

最后，绘制构造图。根据工区内各条纵横交错的地震测线所得到的地震剖面，做出反映地下某一个地层起伏变化的完整情况的图件——地震构造图。最后根据石油地质方面的资料，推断构造是否有含油气的可能，提供钻探井位。

构造精细解释广泛应用于所有的地震工区，为地震勘探奠定良好基础。下面以梨树断陷玻璃城子三维工区、德惠断陷德惠北二维工区为例进行介绍。

4.1.1 研究区概况

4.1.1.1 玻璃城子地区

玻璃城子地区位于梨树断陷西北角，地理上位于吉林省公主岭市境内，行政上归属玻璃城子镇。

玻璃城子工区构造上位于梨树断陷西北部，属于梨树断陷的边缘。北部为长岭断陷，东部为钓鱼台凸起，南部临近双辽断陷，西部为向阳断陷。该区紧邻苏家屯洼槽，洼槽主体部位在中国石油化工集团公司（以下简称中石化）矿权内部，中国石油天然气集团公司（以下简称中石油）矿权位置处于构造上倾部位，是油气有利指向区。目前，中石化在玻璃城子地区有两块三维工区，分别是西丁家三维和杏山三维。玻璃城子地区东部断阶带提交了探明石油地质储量，已经开发动用。玻璃城子地区中石化矿权区钻探八口探井，在中部洼槽内部署的三口井（梨 2 井、苏 2 井、苏 4 井）均获得了工业气流。苏家屯气田东部的皮夹气田已提交探明储量。

该区的主要生烃洼槽为苏家屯洼槽，中石化的研究成果表明，苏家屯洼槽存在较好的生烃能力，位于洼槽主体部位的苏 2 井、苏 4 井、梨 2 井均获得 2 ~ 4 万 m^3 工业气流，而洼槽东部断阶带的苏家屯油田已经提交探明储量，一系列研究数据表明，位于苏家屯洼槽北部的玻璃城子地区具有一定的勘探潜力。

该区勘探工作始于 20 世纪 50 年代，先后完成了重、磁、电、震勘探，南部紧邻中石化三维区，工区内二维地震测线主要以 1987 年、1988 年、1992 年采集为主，测网密度达到 (2×4) km，勘探程度较低，由于地震资料采集年度较早，资料品质普遍较差。

工区地表起伏较大，平均海拔高程 165 ~ 205 m，高差最大可达 40 m。区内西部和东部均为高岗区，中部地势低洼。地表主要以农田、水泡子、水库、村镇和林带为主。怀德西部工区地表高程变化较大，西北部、西南部地势相对复杂，主要为丘陵地貌，海拔高程为 200 ~ 260 m，高差达到 60 m，面积占整个工区的 28%，尤其西南部多条冲沟纵横交错，冲沟深度最深能达到 20 m。工区从西部向东部地表高程趋于平缓，平坦农田区面积为 62%，海拔高程为 190 ~ 220 m，高差达到 30 m。

4.1.1.2　德惠北地区

工区位于吉林省德惠市和九台市交界处，大部分测线位于德惠市境内，其余测线位于九台市境内。

工区属于季风区温带半湿润气候，年均日照时数 2580.8 小时，年均气温 4.9℃，无霜期 140 ~ 155 天，年均降水量 520.13 mm，分布不均，秋冬雨雪少，春季降雨少，秋冬春三季多风，大风日数多，年均 8 级以上大风 16 天左右。

工区内交通便利，哈大高铁和长滨铁路由北向南在工区西部穿过，公路交通主要有 G1 京哈高速、国道 102、省道 001，村屯之间交通以水泥路为主。

工区内主要河流为饮马河，水面宽度 30 ~ 50 m，河流在工区内穿行 28 km，河面有两座桥梁可供同行，两座桥梁间距离 4.3 km。

4.1.2　物探技术应用

4.1.2.1　玻璃城子工区新三维构造精细解释

为了研究玻璃城子地区油气分布规律，对 2015 年新采集的三维地震资料开展工业化解释，在解释之前搜集整理玻璃城子新三维区内探井和评价井的钻井、测井、录井、地质分层、试油试气、化验资料等。其中探井 11 口，包含工业油气流井 7 口，油气显示井 2 口，加载三维地震资料 330 km²，满覆盖面积 220 km²。

井震标定区域统层：截止到 2014 年 12 月，玻璃城子地区共完钻探井 11 口。为了精确建立钻井与地震的对应关系，在制作合成地震记录时，对存在井斜的井进行井斜校正，以消除井斜对标定的影响，然后进行合成记录制作和标定（图 4.1）。充分保证了单井标定的准确、可靠。利用联井地震剖面，综合对工区内主要探井声波时差曲线、电性曲线和岩性录井等资料的对比分析，对钻井揭示到的 T_{a2}、T_4、T_{41}、T_{42}、T_5 共 5 个地震反射层位进行了区域统层。

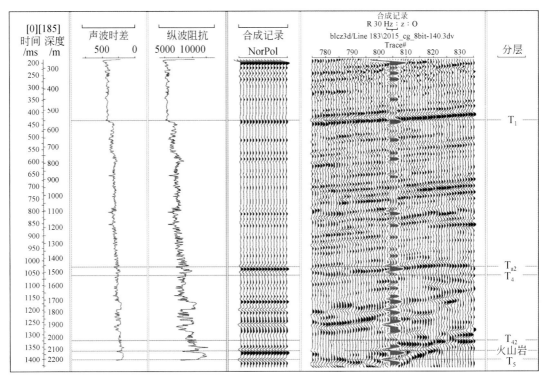

图 4.1　玻璃城子地区单井合成记录

1. 层位、断裂解释

在把握层位和断层在全区变化的基础上，利用 Epos 软件在三维数据体内建立种子点，对于地震反射波能量较强、稳定连续即信噪比较高的强反射界面进行自动追踪，以提高层位解释效率。

2. 地震剖面的对比原则和方法

波形的对比就是在地震记录上识别追踪各种地震波。采用不同的地震勘探方法所利用的地震波不同，反射法地震资料解释中，反射波和某些异常波都是有效波。有效波总是在干扰背景下被记录下来的。所以解释工作的首要任务就是要在剖面上识别和追踪反射波。波形的对比是解释工作中最重要的基础工作。

波形对比的理论基础是地震记录形成的机理和在地震剖面上识别各种波的四个标志：同相性，振幅显著增强，波性特征和时差变化规律。

来自同一反射界面或来自同一薄层组的反射波，受该组反射界面的埋藏深度、岩性、产状以及上覆地层性质等因素影响，如果这些因素在一定范围内相对稳定，则同一反射波在相邻地震道上表现出相似特点，这就是我们在一张地震剖面上识别和追踪同一反射波的基本依据。

3. 断层在地震剖面上的反映及其解释

断层是一种普遍存在的较复杂的地质现象，对于油气的运移、聚集起着很重要的控制作用，与油气藏的形成、分布、富集有着十分密切的关系。因此正确解释断层就成为地震资料解释中一个十分重要的问题。

4. 断层在时间剖面上的特征

（1）反射波同相轴错断。由于断层规模不同可表现为反射标准层的错断和波组波系的错断。在断层两侧波组关系稳定，波组特征清楚。这一般是中、小型断层的反映。其特点是断距不大，延伸较短，破碎带较窄。

（2）反射同相轴数目突然增减或消失，波组间隔突然变化。在断层的下降盘地层变厚，而上升盘地层变薄甚至缺失。这种情况往往是基底大断裂的反映，其特点是断距大，延伸长，破碎带宽。这种断层对地层厚度起着控制作用，一般是划分区域构造单元的分界线。

（3）反射波同相轴形状突变，反射零乱或者出现空白带。这是由于断层错动引起的两侧地层产状突变，或是断层面的屏蔽作用和对射线的畸变造成的。

（4）标准反射波同相轴发生分叉、合并、扭曲、强相位转换等现象。这一般是小断层的反映。但应注意，这类变化有时是地表条件变化或地层岩性变化以及波的干扰等引起，为了区别它们，要综合考虑上下波组关系进行分析。对于地表条件引起的同相轴扭曲，通常表现为不同深度同相轴呈现角度一致的变化。

（5）异常波的出现。这是识别断层的重要标志。在时间剖面上，反射层中断处，往往伴随出现一些异常波，如绕射波、断面反射波等，它们一方面使记录复杂化，另一方面也成为确定断层的重要依据。

5. 特殊地质现象的解释

由于构造运动的影响，形成了一些特殊的地质现象。例如：不整合、超覆、尖灭、逆牵引、古潜山等。了解它们在地震剖面上的特点对构造解释也很重要。

（1）不整合面。不整合面是地壳升降运动引起的沉积间断。它与油气聚集有密切关系，不整合分为平行不整合与角度不整合两种。平行不整合的特点是上、下构造层之间存在侵蚀面，但产状一致，这种不整合不易识别。由于不整合面受长期风化剥蚀而凹凸不平，往往产生一些弯曲界面反射波和绕射波，又因不整合面上下波阻抗差较大，产生的反射波振幅较强。这些特点可用来识别平行不整合。角度不整合表现为两组或两组以上视速度有明显差异的反射波同时存在，这些波沿水平方向逐渐靠拢合并。不整合面以下的反射波相位依次被不整合面以上的反射波相位代替，以致形成不整合面下的地层尖灭。在尖灭处也常出现绕射波。不整合面反射波的波形、振幅是不稳定的。

（2）超覆、退覆和尖灭。超覆和退覆发育于盆地边沿和斜坡带。超覆是海侵发生时新地层依次超越下面老地层、沉积范围扩大所形成；退覆则是海退时新地层的沉积范围依次缩小而形成。在时间剖面上它们都同时存在几组互不平行而逐渐靠拢合并和相互干涉的反射波同相轴。所不同的是超覆时不整合面之上的地层反射波相位依次被下伏的较老地层反射波所代替。时间剖面上超覆和退覆点附近常有同相轴分叉合并现象。尖灭就是岩层的厚度逐渐变薄以至消失，一般可分为岩性尖灭、超覆尖灭、退覆尖灭、不整合尖灭等。在时间剖面上总的表现形式也是同相轴的合并靠拢，相位减少。

（3）逆牵引现象。当地层岩性具有某些特点时，可能产生逆牵引现象。逆牵引构造一般发育在古隆起周围Ⅰ、Ⅱ级断层的下降盘。逆牵引构造在剖面上的识别主要依据下列几点：相似性好，无论在纵向或横向测线上，相邻剖面都有反映，且较清楚。断层两盘产状不协调。构造高点深浅层有偏移。而且构造两点的连线与断层线相平行。构造幅度深层小、中层大。断层落差大小与构造幅度成正比。

6. 地震构造图的绘制

地震构造图是一种以地震资料为依据做出的平面图件，它以等值线以及一些符号直观地表示出某一层的地质构造形态。它是地震勘探的最终成果图件，是为钻探提供井位的主要参考资料，因此，构造图的绘制不仅是地震资料解释工作中一个十分重要的内容，也与整个地震勘探工作的质量和效果关系重大。

根据等值线参数的不同，地震构造图可分为两大类：等 t_0 图和等深度构造图。等 t_0 图可由时间剖面的数据直接绘制，在地质构造比较简单的情况下可以反映构造的基本形态。但其位置有偏移，所以为保证钻井位置的精确，对于构造复杂深层地层来说，通常以地震时间剖面为原始资料，做出等 t_0 构造图，再进行空间校正，得到深度构造图。

对于构造复杂、信噪较低的部位及反射不连续的界面，采用手动拾取方式进行追踪解释，从而最大限度地保证层位解释精度。在层位解释过程中，合理利用三维可视化解释技术手段（图4.2），运用过井线、连井线、环线等多种显示手段，与三维可视化的快速浏览和三维立体显示功能配合使用，实现了层位空间的解释闭合。

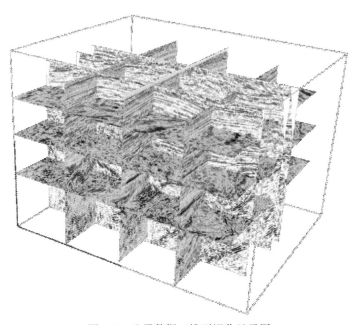

图4.2　地震数据三维可视化显示图

根据本区以往地震资料，主要地震反射层有 T_{a2}、T_4、T_{41}、T_{42}、T_5，其波组特征分述如下。

　　T_{a2} 反射（波组）层：相当于泉头组一段地层顶界面反射，是灰岩、泥质粉砂岩互层的反射波组，一般为 2～3 个相位，呈强振幅、较连续，横向能量变化较稳定，视频率约为 40 Hz，可进行全区对比追踪。

　　T_4 反射（波组）层：相当于营城组地层顶界面反射，该波组在区内为主要标志层反射波，一般为 2～3 个相位，呈强振幅、连续性好，横向能量变化较稳定，视频率约为 30～35 Hz，具明显不整合面反射特征，可进行全区对比追踪。

　　T_{41} 反射（波组）层：相当于沙河子组顶界面反射，一般为 2 个相位，呈弱振幅、连续性较差，横向能量变化不稳定，视频率约为 20～55 Hz，全区对比追踪较难。

　　T_{42} 反射（波组）层：相当于火石岭组顶界面反射，一般为 2～3 个相位，呈弱振幅、连续性较差，横向能量变化不稳定，视频率约为 20～25 Hz，局部呈不整合面反射特征，全区对比追踪困难，不易识别。

　　T_5 反射（波组）层：相当于晚古生界（基岩）顶界面反射，该波组一般为 2～3 个相位，呈弱-中-强振幅、连续性较好，横向能量变化不稳定，视频率约为 20～25 Hz，局部呈不整合面反射特征，由于本区晚古生界火山岩与火山侵入岩及变质岩十分发育，干扰波与绕射波伴随有效反射波，全区对比追踪较困难。

　　速度分析及成图：由于区内钻井较少且分布不均匀，仅有 11 口井作为已知点，而该区地震速度在横向上变化较大，单靠井点建立速度场满足不了对成图精度的要求，受插值方法的影响，井点稀疏区插值速度与实际速度有较大误差。因此，为了精确真实地反应地下的构造形态，使用变速成图技术进行构造成图，其基本原理是：以处理中获得的速度资料为基础资料，以地震解释层位作为控制，利用钻井分层数据进行约束，按照"层位控制模型迭代法"建立速度场，通过沿层平均速度的提取，确定速度变化趋势。

　　构造图的成图精度要求相对误差小于 3‰，我们制定了相应的制图程序。首先根据构造解释绘制等 t_0 图，然后根据平均速度进行时深转换，得到构造草图，经过深度校正后得到最终构造图。

　　最终利用全三维精细构造解释技术，落实了 T_{a2}、T_4、T_{41}、T_{42}、T_5 五大反射层的构造特征，并制作构造图五张（图 4.3），共发现落实层构造圈闭 42 个，总面积 85.07 km^2。解释并描述主要断裂 18 个，总长度 268.5 km。

4.1.2.2　德惠断陷德惠北二维工区构造精细解释

　　为了对德惠北二维地震工区进行标准化解释，充分收集工区以及邻区地震地质测井资料，包括该区往年的二、三维地震资料采集报告、处理解释报告、德惠断陷区域地质研究报告，工区周边探井资料（包括岩性柱状图、测井曲线、钻井分层、完井报告），工区地震数据及速度谱等。在建立区域地质概念的基础上，与地震处理人员紧密结合，动态跟踪，实时反馈信息，得到相对保真保幅的成果资料。

1. 地震资料品质分析

　　德惠北地区表层结构比较复杂，为多层结构，第一高速层速度 1700～2700 m/s，第二高速层速度 1700～2783 m/s，激发岩性在农田区为黄胶泥，在河道区为沙岗，在高岗区为硬黄泥，河道和高岗过渡区域内有片状风化页岩，钻井难度较大，全区低降速带厚度为 4～39 m。

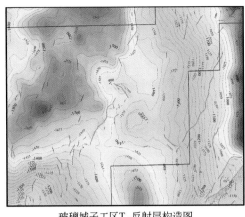 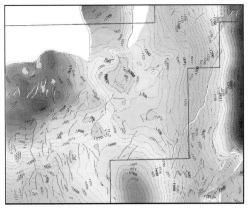

玻璃城子工区T_{a2}反射层构造图 　　　　玻璃城子工区T_4反射层构造图

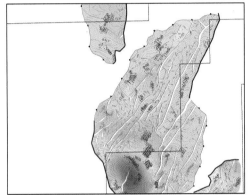 

玻璃城子工区T_{41}反射层构造图 　　　　玻璃城子工区T_{42}反射层构造图

玻璃城子工区T_5反射层构造图

图4.3　玻璃城子三维各主要反射层构造图

　　根据地质任务的要求，处理与解释人员密切结合，严把地震资料品质关，为该区的地震资料解释及地质研究工作奠定了良好的数据基础。

2. 单炮分析结果

单炮资料整体上信噪比较高，T_2 优势频率可达到 60 Hz，T_4 优势频率可达到 40 Hz，农田区和高岗区单炮折射不强，河道区表层较薄，单炮折射强，但频率较高。主要目地层断点干脆，断面清晰，能可靠解释。从成果剖面看，浅层层间信息丰富，反射同相轴横向强弱变化可靠，层次感强，为岩性解释提供了良好的基础资料。深层主要目的层段断点清晰，断面清楚，地层接触关系清楚，层次感强，可以准确落实断层位置。

3. 地震解释层位确定

地震地质层位标定是利用地震资料进行构造解释、储层预测和油藏描述的基础，它把钻井数据、测井数据和地震资料三者有机地结合起来，建立岩性、电性、物性、井旁地震道之间对应关系。人工合成地震记录标定是地震解释过程中层位标定的主要手段。

本次研究工作主要是应用 LandMark 解释软件合成地震记录制作子模块，制作了邻近工区内一口探井的合成地震记录（图 4.4；表 4.1）。

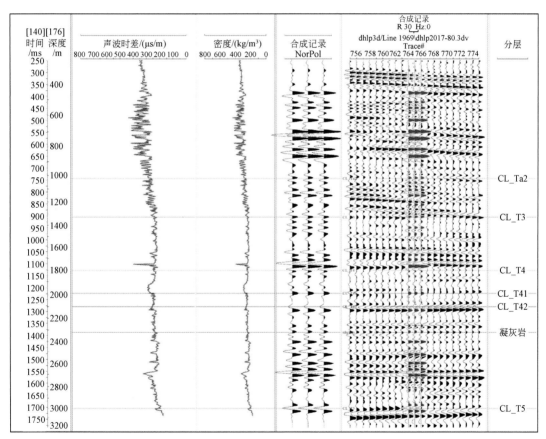

图 4.4　农 103 井地震合成记录

表 4.1　重点井时深关系表

序号	井名	层位名称	层位代号	地震层位	底界深度/m	t_0/ms
1	农103	泉一段	K_1q^2	Ta_2	1020	714
2	农103	登娄库组	K_1d	T_3	1327	874
3	农103	营城组	K_1yc	T_4	1800	1098
4	农103	沙河组	K_1sh	T_{41}	1986	1196
5	农103	火石岭组	K_1hs	T_{42}	2100	1250
6	农103	基底	Pz	T_5	3000	1679

　　充分了解资料品质及反射特征，对于资料品质好、同相轴连续且反射能量强的层位，采用自动追踪层位解释以提高工作效率；对于资料品质不好的层位采用手动追踪，以保证解释精度，并适当应用层位相关多边形方法进行波组特征对比，以达到对比解释的目的。这种有针对性的解释，不仅提高了解释效率，也保证了解释质量。

　　通过对层位进行精细标定，建立地震数据与地质的对应关系，落实泉一段、营城组在地震上的波组反射特征，获取研究区井点时深关系，结合连井剖面，做好全区的统层工作（图4.5）。

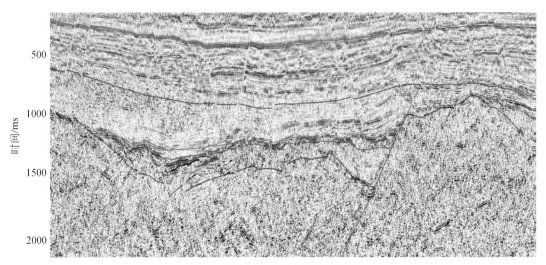

图4.5　德惠北二维地震剖面特征

　　在层位标定的基础上，根据钻井地质分层，参照对应地震剖面的反射特征，选取便于对比追踪的地震反射同相轴对工区研究目的层 T_2、T_{a2}、T_3、T_4、T_{41}、T_{42}、T_5 七个地震反射层进行构造解释。

　　T_2反射层：相当于泉头组顶界面反射。由于全区稳定的厚层泥岩夹薄层砂岩呈互层沉积，使全区 T_2 层反射特征不明显。一般由2个相位组成，振幅能量弱，反射特征不明显，不易对比追踪。与下伏地层呈整合接触。视主频为50~60 Hz，反射时间为0.7~1.07 s。

　　T_{a2}反射层：相当于泉一段顶界面反射。单一相位组成，视主频50 Hz 左右，T_{a2} 为一强反射振幅，以不连续或较连续为主。

T_3 反射（波组）层：相当于登娄库组地层顶界面反射，波组特征较明显，一般为 2～3 个相位，呈强振幅、连续性好，横向能量变化较稳定，视主频约为 45～50 Hz，具不整合面反射特征。

T_4 反射层：相当于侏罗系顶界面反射，表现为双相位、强振幅，由两个中频、振幅能量强和连续性较好的相位组成，视主频 40 Hz 左右，反射时间在 0.9～1.1 s。在声波时差曲线上为一个正台阶，其岩性为灰、灰绿、绿灰色及灰黑色泥岩、粉砂质泥岩、泥质粉砂岩，粉、细砂岩组成的不等厚互层，可对比追踪解释。

T_{41} 反射层：相当于侏罗系沙河子组顶界面的反射，在声波时差曲线上为一个正台阶，在井上为一套灰黑色泥岩、灰色粉砂岩的顶界面，视主频 35～40 Hz，由两个中频、振幅能量强、连续性较好的相位组成，特征非常明显，为一套低频反射的顶界面，反射时间为 1～1.4 s。

T_{42} 反射层：相当于侏罗系火石岭组顶界面的反射，该反射层特征比较明显，为一低频、杂乱反射的底界面，反射能量较强，在井上显示为一套火山碎屑岩与暗色泥岩和灰色细砂岩沉积，视频率 35～40 Hz，反射时间为 1.1～1.5 s。

T_5 反射层：相当于基底反射，由两个中频、振幅能量强、连续性较好的相位组成，与下伏地层呈角度不整合接触关系。视频率在 35 Hz 左右，反射时间为 1.1～3.0 s。

1）层位、断裂解释

地震资料层位和断层的解释是对地质构造及储层进行研究的基础。解释工作主要是利用地震资料解释系统，以人机联作的解释方法进行。本次研究工作的构造解释部分，主要应用 LandMark2003、GeoEast2.63 解释系统共同完成。

（1）层位解释。因德惠北二维工区内没有井，所以我们借用了邻近工区井标定的层位进行的对比追踪。二维地震的检查依据就是看两条测线的交点处剖面是否闭合。在两条测线的交点处，垂直入射到同一反射界面的路径只有一条，因此，其垂直反射时间 t_0 应该相等。在进行剖面闭合时，就在两条相交剖面的交点处，看 t_0 是否相同，相同，则闭合；不同，则需要重新对比追踪，直到闭合为止（允许有小于 10 ms 的闭合差）。在检查无误之后，从骨干剖面将层位引到一般剖面进行追踪，最终完成整个工区的层位追踪。追踪完成后，都应检查是否闭合，对未闭合的地方要重新调整，直至全部闭合。

在精细标定的基础上，确立了工区研究目的层 T_2、T_{a2}、T_3、T_4、T_{41}、T_{42}、T_5 七个地震反射层在地震上对应的地震同相轴，通过波组特征精细对比，追踪各反射层在横向上的延伸，最终得出各反射界面的时间层位，为后续构造成图及储层研究工作奠定基础。

（2）断层解释及组合。断层的平面组合主要考虑断层性质、倾向、断距大小及区域地质规律等。本次断层解释过程中，由于区内测网密度太稀，很多断层延伸长度较短，跨越测线较少，断层组合非常困难，发育在两条以上测线上的断层组合相对比较容易组合，但还有一些断层只在一条线上发育，对于这类断层只能根据区域规律推测断层的延伸方向。通过点线面的结合完成层位和断层的解释。通过精细层位和断层解释工作，共完成七套层位及断裂系统解释，并完成构造成图。

2）速度分析

本区断裂发育，构造复杂，地层倾角变化较大，工区内没有一口井参考，为了达到新工区的精细构造成图，本次研究工作充分利用了叠加速度谱资料。利用速度谱的精细拾取约束速度在空间上的横向速度,用地震解释层位对速度场进行约束,实现精细速度建模。因此使用了变速成图技术进行构造成图,按照"层位控制模型迭代法"建立速度场。

层位控制模型迭代法的基本工作思路是以地震速度谱数据为基础数据,采用解释的 T_0 层位作为模型格架来计算层速度,对得到的层速度进行滤波处理,剔除层速度噪声,同时进行井约束处理,在每套大层内再进行小层化处理,用滤波处理后的小层速度作为建模速度参数,经模型多次迭代得到最终三维速度场。最后提取沿层平均速度。

3)成图精度分析

在多次参数试验的基础上,选择最佳的网格参数和滤波参数,对 T_0 和沿层平均速度采用相同的网格进行网格化;将速度网格与 T_0 网格进行相乘运算,获得深度网格;用深度网格叠加断层多边形,经修饰后最终得到各层构造图(图 4.6)。

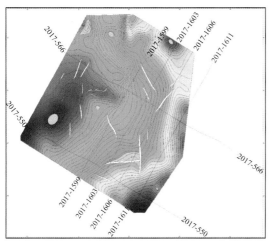

T_2 反射层

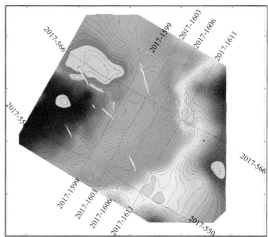

T_{a2} 反射层

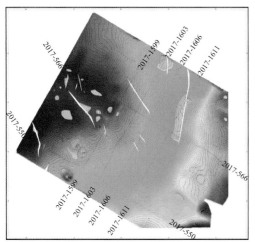

T_3 反射层

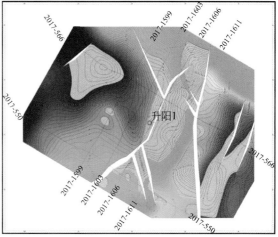

T_4 反射层

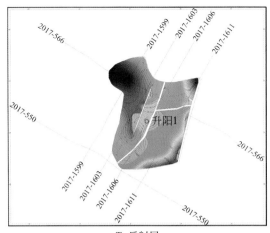

T₄₁反射层

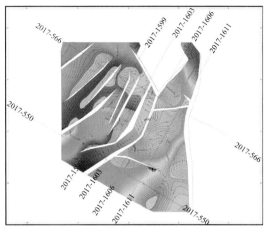

T₄₂反射层

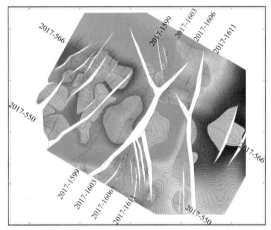

T₅反射层

图 4.6 德惠北二维工区地震反射层构造图

通过准确的层位及断层解释、精确的速度分析和合理的作图参数选取，使获得的最终构造图均达到精度要求，相对误差均小于 3‰，详细情况见表 4.2。

表 4.2 成图精度分析表

序号	井名	地质层位	地震层位	实钻深度/m	图面深度/m	绝对误差/m	相对误差/‰
1	农 103	泉一段	T_{a2}	1020	1021	1	0.9
2	农 103	登娄库组	T_3	1327	1328.5	1.5	1.1
3	农 103	营城组	T_4	1800	1799	1	0.5
4	农 103	沙河子组	T_{41}	1986	1988	2	1.0
5	农 103	火石岭组	T_{42}	2100	2101	1	0.4
6	农 103	基底	T_5	3000	2998	2	0.6

4.2　火山岩体解释及岩相识别

4.2.1　火山岩体识别

1. 火山机构相组分析

　　火山机构根据其外部形态和内部结构可划分为火山口–近火山口相组、近源相组和远源相组。

2. 火山机构喷发方式及其沉积模式

　　火山机构类型与火山喷发方式密不可分。具体而言，喷发方式可以根据火山碎屑物破碎程度和火山凝灰质沉积覆盖的面积分为七种：苏特塞式、武尔卡诺式、夏威夷式、斯通博利式、普林尼式、培雷式和混合式。

　　松辽盆地营城组火山岩的火山喷发作用以自身分异的挥发组分内力增加为主要驱动力，有四种喷发方式：夏威夷式（营三段玄武岩）、斯通博利式（营一段中部厚层流纹岩）、普林尼式（营一段上部细粒凝灰岩）和培雷式（营一段下部火山碎屑岩）。通常，夏威夷式喷发以溢流为主，低黏度的熔浆主要从火山翼部的裂隙溢流而出形成大型缓坡盾状火山；斯通博利式以爆发为主，是中等黏度的熔浆沿火山通道上涌喷出形成点状喷发（或称中心式喷发），在地表形成下缓上陡的火山锥；普林尼式和培雷式的喷发强度比较大，都是较高黏度的熔浆从火山口喷射而出，形成大型的火山穹隆。

3. 火山锥的识别

　　火山口处特有的地震波反射结构为识别火山锥提供了更直观的信息。较为常见的方法有：构造趋势面分析、三维体切片分析、地震相干分析、火山岩厚度分析以及最直观地震剖面特征识别。本次研究主要综合利用火山岩厚度分析和最直观地震剖面特征方法来识别火山锥。

　　（1）地震剖面特征方法。通过对常规地震成果剖面反复浏览、对比观察，可以发现火山口、近火山口所处位置地震反射特征与周围地层有着很大的不同，特别是火山通道更是不同。地震剖面特征是火山锥识别最快速直接的方法。

　　（2）厚度分析方法。无论是裂隙–中心式喷发还是中心式喷发，这两种喷发方式均表现为：在垂向上成层分布，下部为爆发相，上部为喷溢相；在横向上自火山口由近及远为火山通道–侵出相、爆发相、溢流相、火山沉积相。爆发相和喷溢相近火山口发育，远离火山口厚度快速减薄，因此，在一般情况下可以根据火山岩厚度来分析火山口位置。

　　相对来看，厚度分析法能预测火山锥发育的区域，描述单个火山锥发育范围和火山锥发育的高度，但没有考虑火山岩削蚀情况。而地震剖面特征是火山锥最直接的反应，且可以观察到火山岩的保存情况。因此综合利用以上两种方法进行火山锥识别。

　　本次研究主要通过研究区钻遇火山锥的钻井标定在地震剖面上显示的特征来建立火山锥的识别标志，进而在全区范围内利用地震剖面特征来识别火山锥。

4.2.2　火山岩相识别及岩相划分

1. 火山岩相类型及其特征

火山岩相是火山喷发活动、火山岩岩石类型、组构和孔隙特征的综合反映。王璞珺等根据松辽盆地内的大量钻井资料建立了火山岩相序,提出了"5 种相 15 种亚相"的火山岩分类方案,揭示了营城组火山岩相的演化,主要适用于酸性火山岩喷发。一次酸性火山喷发旋回的特征主要是从爆发相或者是火山通道相开始,向上叠加溢流相,火山沉积相分布在火山岩体翼部或者火山口附近。

2. 火山岩岩性描述

针对火山岩岩石类型特征,对松南德惠断陷火山岩岩性进行分类,采用以下分类方法。

分类一:按岩石结构、成因将本区火山岩划分五大类——火山熔岩类、火山碎屑熔岩类、火山碎屑岩类、沉火山碎屑岩类、次火山岩类。

分类二:参考 LeMaitre 等(1989)的划分界线,针对本区岩性分布特点,按岩石常量元素化学成分划分为四类,并分别冠以玄武质、安山质、英安质和流纹质。划分标准如下:基性岩类(SiO_2 含量 45%~52%,玄武质);中性岩类(SiO_2 含量 52%~63%,安山质);中酸性岩类(SiO_2 含量 64%~69%,英安质);酸性岩类(SiO_2 含量>69%,流纹质)。

分类主要针对本区岩石发育的实际特点,依据探井取心段的火山岩资料,能够较为全面的概括出现的岩石类型,便于实际的应用,并对后续研究具有一定指导性。

火山岩岩性分类有以下几种:

(1)火山熔岩类。火山熔岩是熔浆喷溢至地表经"冷凝固结"而成的岩石,具有火山熔岩结构。这类岩石多为半晶质结构,矿物颗粒细,常具有斑状结构。其中斑晶单个晶体矿物肉眼(或借助放大镜)能够识别。火山熔岩类基质中分布的火山碎屑<10%,大部分基质中的矿物肉眼不能识别,常含玻璃质和隐晶质。

(2)火山碎屑熔岩类。火山碎屑熔岩主要指火山碎屑物被熔浆胶结、冷凝固结形成的岩石,是介于熔岩与火山碎屑岩之间的过渡性岩石。实质上属于火山熔岩类,因为刚性岩块之间起胶结作用的是塑性熔浆,其成岩过程仍然属于"冷凝固结"成岩。这类熔岩基质中分布的火山碎屑>10%(上限不限定,但通常小于 90%)。根据火山碎屑粒径的不同划分为集块熔岩(碎屑粒径>64 mm)、角砾熔岩(碎屑粒径为 2~64 mm)和凝灰熔岩(碎屑粒径<2 mm)。

(3)火山碎屑岩类。火山碎屑岩是火山作用形成的各种火山碎屑堆积物(tephra)经过压实固结而成的岩石。火山碎屑物喷出并降落堆积后,一般未经搬运或只经短距离搬运,然后在上覆重荷作用下经过压实、排水、脱气、体积和孔隙度减小、密度增加等一系列成岩作用,最终像沉积岩一样,粗碎屑被相对较细的填隙物质胶结,导致整个岩石固结而形成岩石。通常,火山碎屑岩中火山碎屑体积含量>90%(外碎屑<10%)时,外生碎屑组分是"热碎屑流"流动过程中裹进来的或火山爆发过程中炸裂的围岩碎屑混进来的,

可以认为，这种火山碎屑岩一般是纯粹火山活动的产物，无显著的后期沉积改造。

（4）沉火山碎屑岩类。这类岩石是介于火山碎屑岩和沉积岩之间的过渡型岩石，形成于火山作用和沉积改造的双重作用之下。火山碎屑物含量 50%~90%，成岩方式主要为"压实固结"，岩石具有沉火山碎屑结构，即碎屑颗粒可见不同程度的磨圆。火山碎屑物以晶屑、玻屑为主，还有岩屑，具体岩石类型主要是沉凝灰岩，而沉集块岩和沉火山角砾岩比较少见。

（5）次火山岩类。次火山岩可形成于火山旋回的同期和后期，以后期为主。它是同期或后期的熔浆侵入到围岩中，较喷出岩更缓慢地冷凝结晶形成的，多位于火山口附近、火山机构下部几百米到一千五百余米，与其他岩相和围岩呈指状交切，或呈岩株、岩墙及岩脉形式嵌入。这类岩石代表次火山岩亚相，具斑状结构至全晶质不等粒结构，冷凝边构造，流面、流线构造，柱状、板状节理。常见的柱状节理火山岩即为次火山岩亚相的代表（有些具有变形柱状节理或同时具有柱状节理和气孔的中基性岩火山岩可能属于侵出相或富水环境的次火山岩亚相）。这类岩体的直径可从几百米到十余千米，高度十余米到二百余米。次火山岩亚相中常见围岩捕虏体。岩石的代表性特征为岩石结晶程度高于所有其他火山岩，以及岩浆活动后期流体活动使得其斑晶常具有熔蚀现象。

3. 火山岩气藏储层描述

储层预测是火山岩气藏勘探的核心问题，而储层预测的关键是看储集空间是否发育。火山岩储集空间类型及特征是开展这项研究的基础。本节在火山岩岩性岩相分析的基础上讨论了德惠断陷火山岩储层的储集空间类型及特征。火山岩储层的储集空间类型复杂，研究目的和研究程度不同，分类的侧重点和分类结果也不同，但总体上可归纳为孔隙和裂缝两大类。

赵澄林等（1997）把火山岩储集空间划分为孔隙和裂缝两大类，孔隙可进一步分为十个亚类：气孔、杏仁体内孔、斑晶间孔、收缩孔、微晶晶间孔、玻晶间孔、晶内孔、溶蚀孔、膨胀孔和塑流孔；裂缝可进一步分为六个亚类：构造缝、隐爆裂缝、成岩裂缝、风化裂缝、竖直节理和柱状节理。

任作伟和金春爽（1999）以辽河拗陷洼 609 井区火山岩储集层为研究对象，详细地研究了火山岩储集空间的类型及其特征。将储集空间分为原生和次生两大类，原生孔隙包括原生气孔、残余气孔、斑晶间孔、晶间孔、杏仁体内孔、收缩孔。原生裂缝包括冷凝收缩缝、收缩节理、砾间裂缝。次生孔隙包括斑晶溶蚀孔、斑晶和基质内间溶孔、基质溶蚀孔、脱玻溶蚀孔、杏仁体溶蚀孔、蚀变物溶蚀孔、孔隙充填再溶孔、交代物溶蚀孔隙。次生裂缝包括构造裂缝和风化裂缝。

余淳梅等（2004）在研究准噶尔盆地五彩湾凹陷火山岩储层时将火山岩储集空间分为原生和次生两种。其中原生分为原生孔隙（原生气孔、残余气孔、晶间晶内孔）和原生裂缝（冷凝收缩缝），次生分为次生孔隙（斑晶溶蚀孔、杏仁体溶蚀孔）和次生裂缝（构造裂缝、风化裂缝）。

刘为付和朱筱敏（2005）在研究松辽盆地徐家围子断陷营城组火山岩储集空间演化时，将火山岩储集空间划分为孔隙和裂缝两大类 15 小类。分别为原生孔隙（气孔、杏仁孔、砾间孔、晶间孔）、次生孔隙（砾间溶孔、晶间溶孔、晶内溶孔、脱玻溶蚀孔、蚀变物溶蚀孔）、原生裂缝（收缩缝、收缩解理、颗粒爆炸纹）和次生裂缝（构造裂缝、溶蚀缝、风化裂缝）。

王璞珺等（2007）针对松辽盆地火山岩储层储集空间的具体特点，细致地划分了火山岩的储集空间，并通过核磁压汞等地质手段进行研究。首先，按成因划分为原生孔隙、次生孔隙和裂缝三种类型，按结构又进一步划分出 13 种亚类。原生孔隙包括熔岩类的原生气孔、石泡空腔孔、杏仁体内孔和火山碎屑岩类的粒间孔隙、火山角砾岩基质收缩缝以及矿物解理缝。次生孔隙包括斑晶溶蚀孔隙、基质内溶蚀孔隙和断层角砾岩中角砾间不规则孔隙。裂缝包括原生节理缝、构造裂缝、未完全充填构造缝和充填−溶蚀构造缝。

4. 火山岩有利相带评价技术

应用地震相分析、相干体分析等技术，研究地震可分辨的最小单元储层的沉积相（包括一个同相轴内所含储层或其他储层的厚度变化及尖灭情况、平面展布形态、井间连通性、物性变化情况），井震结合建立不同岩相地震响应模式，重点明确五大储层地震反射特征，按照地震波形、振幅、频率与围岩接触关系建立不同类型火山岩相组合及地震剖面的响应特征划分不同岩性火山岩，对深层特殊地质体的外部形态描述有较好的识别效果，建立火山岩相与地震相的对应关系。

具体研究手段包括：利用钻井信息标定典型火山岩相地震响应特征，优化地震属性时窗，多属性融合聚类后，井震结合应用 GeoEastBP 神经网络模式识别进行火山岩相预测；通过制作三维层振幅切片，观察振幅异常的形态、大小、延伸（振幅法）；通过研究振幅与储层厚度、尖灭、物性等的关系，再用实际振幅推算储层平面变化、尖灭及物性变化等（正演模型法）；利用反演法获得一个同相轴内部波阻抗或速度的纵横向变化，进一步研究储层、物性、含油性；用已知资料通过人工神经网络或遗传算法建立它们与地震振幅、频率、速度等之间的关系，再用此关系推断无井区砂厚、孔隙度或含油饱和度（模式识别法）。

第5章 火山岩体刻画与有效储层预测

自 2005 年长深 1 井火山岩勘探获得重大发现以来，吉林油田在火山岩气藏勘探上取得长岭、英台、王府−德惠等大中型气藏突破与发现，累计探明天然气储量超千亿立方米，控制预测储量超千亿立方米，火山岩相及储层精细描述技术已成为推进勘探开发的重要保障。

根据火山喷发特点、形成机制及其在地震、测井资料上的特征，确定了井震结合，对关键技术进行创新改进的研究思路。即首先从宏观外形分析入手，建立不同岩相的地震响应识别模式，明确不同岩相的典型地震响应特点；再通过微观火山内幕分析，联合应用构造导向滤波、频谱成像、多窗口倾角扫描等关键技术精细刻画出火山口（包括裂隙）形态、细化喷发机制研究；最后，根据火山岩储层"围口聚沿"的特征，重点提取主火山口附近波形特征作为约束条件，进行多属性聚类分析，预测火山岩有利相带分布。

5.1 德惠断陷火山岩体刻画与有效储层预测

5.1.1 研究区基本情况

德惠断陷位于松辽盆地南部东部断陷带中部，是上古生界变质岩系基底之上发育起来的断拗复合双层结构的沉积断陷，面积 3553 km²，基底最大埋深 7000 m，发育断陷期和拗陷期两套沉积地层（图 5.1）。营城组、沙河子组和火石岭组为断陷沉积，地层最大厚度达 4250 m，白垩系嫩江组—登娄库组为拗陷沉积。区内深层普遍含气，其中主要含气层段为营城组火山岩和沙河子组砂砾岩、火石岭组火山碎屑岩、基岩潜山。

德惠断陷是上古生界变质岩系基底之上发育起来的断拗复合双层结构盆地。钻井揭示，断陷发育第四系，上白垩系的嫩江组、姚家组、青山口组，下白垩系的泉头组、登娄库组、营城组、沙河子组，以及侏罗系火石岭组共九套地层，主要发育两种类型的储层。

第一种为泉一段、登娄库组发育的河流碎屑岩，岩性为粉、细砂岩和砂砾岩，单层厚度 5~10 m，孔隙度为 6%~12%，渗透率 0.1×10⁻³~2×10⁻³ μm²，为低孔低渗储集层，合 5 井在泉一段—登娄库组试气，多层获得工业气流。

第二种为营城组、沙河子组、火石岭组中沉火山碎屑岩和碎屑岩储层，一般以凝灰质胶结为主，单层厚度 3~10 m，气层集中段位于火石岭组中下部，厚度 30~50 m，孔隙度在 6%~10%，渗透率 0.1×10⁻³~1×10⁻³ μm²。合 5 井在营城组试气已经获得 870 m³ 少量气流。

德惠断陷地震勘探始于 20 世纪 50 年代，先后开展了石油地质普查、重磁电震等详查工作，截至目前，该区已有二维地震测网密度为（1×1）km~（2×2）km，由于二维地震资料采集因素和地震处理流程参数均有较大的差异，各年度地震剖面在品质上差别较大，且

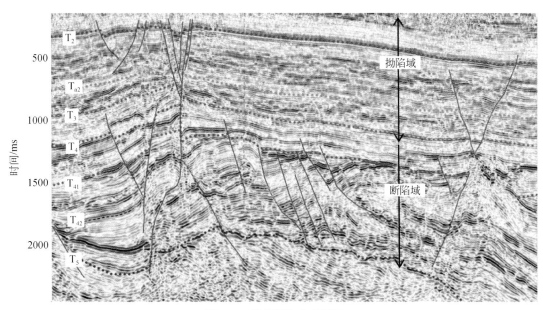

图 5.1　德惠断陷典型剖面

存在较大闭合差，无法对构造、断裂、特殊岩性体进行有效识别。通过地震勘探，已基本落实断陷面积 3550 km²，营城组—火石岭组厚度 100~3000 m，基底最大埋深 7000 m，营城组顶面埋深 1000~3300 m。在地震勘探上，由于资料品质，尤其是深层的地震资料品质较差，长期以来一直影响着深层构造落实程度、沉积相带的研究和对储层的有效预测。2008 年完成小合隆三维 103 km²；2012 年在华家构造主体部位完成三维地震 354 km²；2013 年在郭家完成三维地震 283 km²；2014~2015 年在布海构造主体部位完成三维地震 241 km²，在龙王构造完成三维地震 254 km²，在兰家构造带完成二维地震 108 km，这些二、三维地震的采集为德惠断陷勘探打下了良好基础。

5.1.2　应用情况

5.1.2.1　火山岩体识别

1. 火山机构相组分析

火山机构根据其外部形态和内部结构可划分为火山口−近火山口相组、近源相组和远源相组。

前人通过松辽盆地大量的火山岩钻井岩心分析得知：

火山口−近火山口相组的储层具有大孔隙、宽/长裂缝、孔喉半径大、孔喉分选好的特征。实测孔隙度为 4%~20%，平均为 7.74%；渗透率 0.01~20 mD，平均为 1.99 mD，属于中孔−高渗储层，局部为高孔高渗。

近源相组的储层具有中孔隙、窄小裂缝、孔喉半径较大、孔喉分选较好的特征。实测孔隙度为 1%~15%，平均为 7.4%；渗透率为 0.01~4.7 mD，平均为 0.95 mD，属于中孔-中渗储层，局部为中孔高渗。

远源相组的储层具有中低孔隙、宽长裂缝、孔喉半径小、孔喉分选差的特征。实测孔隙度为1%~10%，平均为6.95%；渗透率为0.02~1 mD，平均为0.1 mD，属于中/低孔-低渗储层。

由此可知，松辽盆地营城组火山机构各个相组的孔隙度和渗透率存在较大差别，尤其以渗透率最为明显，火山口-近火山口相组渗透率大于近源相组，远源相组渗透率最小。因此，火山口-近火山口相组区域是火山岩勘探的优选目标。利用地质-地震综合方法识别出盆地内火山机构的各个相组，对火山岩勘探具有重要的指导意义。

2. 火山机构喷发方式及其沉积模式

火山机构类型与火山喷发方式密不可分。具体而言，喷发方式可以根据火山碎屑物破碎程度和火山凝灰质沉积覆盖的面积分为七种：苏特塞式、武尔卡诺式、夏威夷式、斯通博利式、普林尼式、培雷式和混合式。松辽盆地营城组火山岩的火山喷发作用以自身分异的挥发组分内力增加为主要驱动力，有四种喷发方式：夏威夷式（营三段玄武岩）、斯通博利式（营一段中部厚层流纹岩）、普林尼式（营一段上部细粒凝灰岩）和培雷式（营一段下部火山碎屑岩）。通常，夏威夷式喷发以溢流为主，低黏度的熔浆主要从火山翼部的裂隙溢流而出形成大型缓坡盾状火山；斯通博利式以爆发为主，是中等黏度的熔浆沿火山通道上涌喷出形成点状喷发（或称中心式喷发），在地表形成下缓上陡的火山锥；普林尼式和培雷式的喷发强度比较大，都是较高黏度的熔浆从火山口喷射而出，形成大型的火山穹隆。

前期研究表明，德惠地区火山喷发类型与岩浆黏度（取决于SiO_2含量）和岩浆挥发气体的多少有关，前者决定喷出物的组分和喷发形式，后者决定火山喷发的能量。营城组火山岩以中酸性岩石占绝对多数，火山喷发方式主要以裂隙-中心式喷发为主，其次为中心式喷发。

王璞珺等根据松辽盆地内的钻井资料建立的火山岩相序，并在地球物理勘探识别中反复应用和修订，提出了改进型的适合松辽盆地的火山机构及火山岩相模式：在垂向上成层分布，下部为爆发相，上部为喷溢相；在横向上爆发相和喷溢相近火山口发育，远离火山口，厚度快速减薄，先相变为爆发与喷溢相的薄互层（混合相），再远则发育火山沉积相；侵出相伴随火山口小范围局部发育；火山通道相多呈管状。我们将火山口及其周围的相组在形态上呈锥形的火山岩体称为火山锥。

根据研究区的火山机构特征表现与此火山沉积模式的相近性，决定借鉴此模式作为下一步火山锥、火山岩相识别和预测的基础。

3. 火山锥的识别

火山口处特有的地震波反射结构为识别火山锥提供了更直观的信息。较为常见的方法有：构造趋势面分析、三维体切片分析、地震相干分析、火山岩厚度分析以及最直观地震剖面特征识别。本书主要综合利用火山岩厚度分析和最直观地震剖面特征方法来识别火山锥。

地震剖面特征方法通过对常规地震成果剖面反复浏览、对比观察，可以发现火山口、近火山口所处位置地震反射特征与周围地层有着很大的不同，特别是火山通道更是不同。地震剖面特征是火山锥识别最快速、直接的反应。

厚度分析方法的原理是无论是裂隙–中心式喷发还是中心式喷发，这两种喷发方式均表现为在垂向上成层分布，下部为爆发相，上部为喷溢相；在横向上自火山口由近及远为火山通道–侵出相、爆发相、溢流相、火山沉积相。爆发相和喷溢相近火山口发育，远离火山口，厚度快速减薄，因此，在一般情况下可以根据火山岩厚度来分析火山口位置。

相对来看，厚度分析法能预测火山锥发育的区域，描述单个火山锥发育范围和火山锥发育的高度，但没有考虑火山岩削蚀情况。而地震剖面特征是火山锥最直接的反应，且可以观察到火山岩的保存情况。因此综合利用以上两种方法进行火山锥识别。

1）火山锥的地震识别

本书主要通过研究区钻遇火山锥的钻井标定在地震剖面上显示的特征来建立火山锥的识别标志，进而在全区范围内利用地震剖面特征来识别火山锥。通过研究区德深 17 等井钻遇的营一段火山锥在地震剖面上显示的特征，其地震剖面特征主要表现为：①外部地震反射形状呈丘型或盾型，顶界面一般为强振幅；②内部地震反射结构呈高角度斜交反射，岩层倾角随距离火山口由近到远逐渐减小；③内部地震反射结构杂乱或者空白；④火山岩体上方常伴随披覆构造，两翼的围岩地层存在上超现象。

2）火山锥的厚度分析识别

通过对研究区富含火山岩的地层厚度成图分析可知，农 53 火山体面积 12.7 km²，厚度为 550 m，幅度为 300 m，圈闭面积为 2.9 km²。后期被走滑断层切割成两个火山机构，以东主火山体。下部与烃源岩对接，剖面上地震相清晰，结合火山模式可划分出火山通道、爆发相、喷溢相、侵出相（顶部坍塌剥蚀）平面上根据相控波形分类精细识别火山口、近火山口喷溢相、远火山口喷溢相。根据最新研究成果，农 53 井位于火山口边缘，钻遇侵出相与喷溢相叠置区。

5.1.2.2　火山岩相识别及岩相划分

火山岩相是火山喷发活动、火山岩岩石类型、组构和孔隙特征的综合反映。王璞珺等根据松辽盆地内的大量钻井资料建立了火山岩相序，提出了"5 种相 15 种亚相"的火山岩分类方案，揭示了营城组火山岩相的演化，主要适用于酸性火山岩喷发。一次酸性火山喷发旋回的特征主要是以爆发相或火山通道相开始，向上叠加溢流相，火山沉积相分布在火山岩体翼部或者火山口附近。

本书以上述火山岩分类方案作为火山岩相划分依据，根据单井火山岩的岩电特征结合岩心资料确定了研究区营一段主要发育喷发相、溢流相和火山沉积相三种火山岩相类型；在单井上进行了火山岩相和火山喷发旋回分析，通过井震标定分析了各旋回内部火山岩相的地震响应特征。火山岩岩电特征已有系统的总结，不再赘述，下面对研究区主要发育的各火山岩相类型及其地震响应特征进行简述。

1. 爆发相

爆发相可以形成于火山喷发旋回的早期和高峰期，特征岩性是含晶屑、玻屑、浆屑、岩屑的熔结凝灰岩（热碎屑流亚相）、凝灰岩（热基浪亚相）和含火山弹与浮岩块的集块岩、角砾岩、晶屑凝灰岩（空落亚相）；近火山口发育，多与断裂相伴生。爆发相多形成于酸性岩喷发旋回的早期和基性岩喷发旋回的晚期。根据岩石沉积和搬运方式，可分为三种亚相：热碎屑流亚相、热基浪亚相和空落亚相。

热碎屑流亚相多发育在爆发相上部，是火山活动晚期含晶屑或玻屑的熔浆在火山喷出物推动和自身重力作用下，在地表流动的过程中冷凝并胶结而成，代表岩性为熔结凝灰岩，火山碎屑颗粒较细。

热基浪亚相多形成于爆发相的中下部，是火山活动早期，较轻的火山碎屑物质受重力作用沉积、压实形成，代表岩性为含晶屑、玻屑的凝灰岩。

空落亚相多形成于爆发相下部，有时也呈夹层出现，发育较粗的火山碎屑，发育集块岩，含火山弹或浮岩块，是固态火山碎屑和塑性喷出物在火山气射作用下，经压实作用而形成的，向上粒度变细。

研究区爆发相为优势相，其地震响应特征表现为丘状外形、变振幅杂乱反射。

2. 溢流相

溢流相也被称为喷溢相，常在火山喷发旋回的中期发育，是结晶矿物和同生角砾混杂的熔浆受火山喷出物推动和自身重力作用，沿着地表流动的过程中形成。其特征岩性是气孔流纹岩、流纹构造流纹岩、细晶流纹岩及含同生角砾的流纹岩。按照形成的先后顺序可以把溢流相分为下部亚相、中部亚相和上部亚相。

上部亚相发育气孔流纹岩，气孔、杏仁构造发育，气孔常呈条带状分布，沿流动方向定向拉长。

中部亚相结晶程度最好，发育典型流纹构造流纹岩，裂缝、气孔发育较少。

下部亚相代表岩性为细晶流纹岩及含同生角砾的流纹岩，岩石脆性强，容易形成裂缝，是各种火山岩中构造裂缝最发育的部位。

3. 火山通道相

火山通道就是从岩浆房一直到火山口顶部的岩浆疏导通道，常位于火山机构下部，特征岩性是隐爆角砾岩，次火山岩、玢岩和斑岩，熔岩、角砾熔岩、凝灰熔岩及熔结角砾岩、凝灰岩。火山通道相主要发育在火山口附近或次火山岩体顶部；也可能穿入其他岩相或围岩火山机构下部数百米，有时可达 1500 m，与其他岩相和围岩呈交切状，直径可达数百米，产状近于直立，穿切其他岩层。

火山通道相包括三种亚相：火山颈亚相、次火山岩亚相和隐爆角砾岩亚相。火山颈亚相是未喷出的地表的岩浆在火山通道冷凝固结形成的各类熔岩，包括角砾熔岩、凝灰熔岩、熔结角砾岩和熔结凝灰岩，这是火山通道相的主体。

研究区钻井岩心仅揭示了次火山岩亚相和隐爆角砾岩亚相。次火山岩亚相发育次火山岩特征，主要是指岩浆侵入围岩、缓慢结晶形成的各种玢岩或斑岩，例如徐深 201 井的玢岩。隐爆角砾岩亚相形成在火山口附近，富含挥发分的熔浆侵入岩石破碎带，释放压力发生爆发作用会形成隐爆角砾岩，例如徐深 9 井 3770 m 处就发育隐爆角砾岩亚相。

由于研究区火山通道相通常穿切爆发相等其他岩相或者围岩，在地震上较难以单独识别。火山通道相与爆发相热碎屑流亚相组合的地震响应特征表现为：透镜状、中低频、中弱振幅、连续性差。

4. 侵出相

侵出相主要形成于火山活动旋回的后期，是高黏度熔浆在内力作用下喷出时遇水淬火或快速冷却形成的玻璃质火山岩，例如珍珠岩、黑曜岩。侵出相具有穹隆状外形，按照穹隆状外形的不同部位，将侵出相划分为内带亚相、中带亚相和外带亚相。

（1）内带亚相代表岩性为枕状和球状珍珠岩，大型珍珠岩发育，常常由于发育裂陷而破碎形成很多小型火山玻璃球体。

（2）中带亚相代表岩性为致密块状珍珠岩和细晶流纹岩，由于淬火冷凝，因此岩石致密、脆性强，也容易形成构造裂缝。

（3）外带亚相位于最外部，代表岩性为具变形流纹构造的角砾熔岩，是溢流相形成前熔浆在火山口附近包裹先期的岩石碎屑，在流动过程中冷凝固结而形成的。

研究区侵出相常与火山通道相伴生，穿切其他岩相，在地震上难以识别。侵出相、火山通道相、溢流相夹爆发相组合的地震响应特征表现为：透镜状、中低频、中弱振幅、连续相差。

5. 火山沉积相

火山沉积相可形成于火山旋回任何时期，多位于火山口之间的低洼部位，属于火山岩与正常沉积岩过渡的相类型，与其他火山岩相侧向相变或互层。

特征岩性是火山凝灰岩与煤层互层或夹煤线（凝灰岩夹煤沉积）、层状火山碎屑岩/凝灰岩（再搬运火山碎屑沉积岩），既有火山岩特征也有沉积岩特征，含有大量火山碎屑物质，并具有陆源碎屑结构，成层性好，具韵律层理、水平层理，分布范围广。

根据火山碎屑物质类型和多少，以及陆源碎屑物质的类型和多少，可以将火山沉积相分为含外碎屑火山碎屑沉积岩亚相（含少量外碎屑）、再搬运火山碎屑沉积岩亚相（含有再搬运的沉积构造）和凝灰岩夹煤沉积亚相（含煤）。

研究区火山沉积相的地震响应特征表现为：席状外形、亚平行较连续反射。

通过吉林油田德惠断陷大量钻井中的岩相分析揭示：火山岩的储集性能与岩性有很大的关系，岩相控制着岩性的发育，也就控制储层的形成和发育，储集性能最好的岩性是流纹岩，其次是凝灰熔岩，角砾熔岩。

角砾熔岩、凝灰熔岩都主要形成于爆发相热碎屑流亚相，爆发相热碎屑流亚相是有利的储集相带。

喷溢相中上部亚相主要的岩石类型为气孔流纹岩、细晶流纹岩和含同生角砾岩的流纹岩。喷溢相通常气孔、裂隙很发育，并且气孔常常由裂缝贯通，因此是最主要的储集层。

火山通道相的火山颈亚相主要岩性是熔岩，即角砾熔岩、凝灰熔岩及熔结角砾岩，常有环状和放射状裂隙，也是较好的储层。

火山沉积相储集性能受沉积环境和沉积相的影响明显，但火山沉积相中的凝灰岩可以作为较好的局部盖层。

因此通过岩相研究能定性分析各主要层段有利储层发育区，为下一步钻探提供有力的依据。

5.1.2.3　火山岩岩性描述

1. 分类方法

针对火山岩岩石类型特征，对松南德惠断陷火山岩岩性进行分类，采用以下分类方法。

分类一：按岩石结构、成因将本区火山岩划分五大类——火山熔岩类，火山碎屑熔岩类，火山碎屑岩类，沉火山碎屑岩类，次火山岩类。

分类二：参考 LeMaitre 等的（1989）划分界线，针对本区岩性分布特点，按岩石常量元素化学成分划分四类，并分别冠以玄武质、安山质、英安质和流纹质。划分标准如下：基性岩类，SiO_2 含量 45%~52%（玄武质）；中性岩类，SiO_2 含量 52%~63%（安山质）；中酸性岩类，SiO_2 含量 64%~69%（英安质）；酸性岩类，SiO_2 含量>69%（流纹质）。

分类主要针对本区岩石发育的实际特点，依据探井取心段的火山岩资料，能够较为全面的概括出现的岩石类型，便于实际的应用，并对后续研究具有一定指导性。

2. 火山岩岩性分类

1）火山熔岩类

火山熔岩是熔浆喷溢至地表经"冷凝固结"而成的岩石，具有火山熔岩结构。这类岩石多为半晶质结构，矿物颗粒细，常具有斑状结构。其中斑晶单个晶体矿物肉眼（或借助放大镜）能够识别。火山熔岩类基质中分布的火山碎屑<10%，大部分基质中的矿物肉眼不能识别，常含玻璃质和隐晶质。

（1）玄武安山岩。德惠断陷的玄武安山岩主要见于德深 11 井、德深 13 井、德深 35 井、合 5 井、万 5 井、万 22 井、德深 14 井，主要分布于火石岭组。玄武安山岩为安山岩和玄武岩之间的过渡类型岩石，属于中基性火山熔岩类，SiO_2 含量 62%~63%，多呈灰黑-灰绿色；半晶质结构，斑状结构，基质为间粒结构、交织结构或玻质交织结构，有时为隐晶质或玻璃质结构；斑晶矿物多为基性斜长石、普通辉石或紫苏辉石，偶见少量橄榄石和角闪石；基质多为中-奥斜长石，还有少量辉石和磁铁矿。常见构造为块状构造、气孔、杏仁构造。

（2）安山岩。德惠断陷的安山岩主要见于德深 4 井、德深 5 井、德深 9 井、德深 13 井、合 8 井、农 47 井、万 5 井、万 17 井、农 49 井、农 52 井中，火石岭组和营城组都有分布。安山岩为中性火山熔岩，SiO_2 含量 52%~63%，岩石多为深灰色，风化面灰绿色或紫红色；半晶质结构，常见斑状结构；斑晶矿物主要为斜长石，其次为辉石、暗化的角闪石和黑云母；基质常由微晶斜长石和少量辉石、磁铁矿等构成交织结构、安山结构，有时为霏细质或玻璃质；常见块状、流动构造或气孔、杏仁构造。

（3）英安岩。德惠断陷的英安岩主要见于德深 5 井、德深 7 井、德深 17 井、农 49 井，主要分布于营城组。英安岩相当于花岗闪长岩和英云闪长岩的熔岩，SiO_2 含量 63%~69%，岩石多呈深灰色；半晶质结构，常见斑状结构；斑晶为斜长石、石英、正长石或透长石等，有时可见辉石或暗化边的黑云母或角闪石斑晶；基质主要由奥长石、透长石和石英微晶组成，多为霏细结构、交织结构和玻璃质结构，常发育流纹构造。

（4）流纹岩。德惠断陷的流纹岩主要见于德深 15 井、合 3 井、农 47 井、农 49 井，主要分布于火石岭组。流纹岩一般呈灰白、粉红、紫红色；斑状结构（通常斑晶小而且含量也很少），斑晶主要为石英，基质为霏细结构、球粒结构或玻璃质结构；常具有流纹构造，有时发育气孔、杏仁构造。

2）火山碎屑熔岩类

火山碎屑熔岩主要指火山碎屑物被熔浆胶结、冷凝固结形成的岩石，是介于熔岩与火山碎屑岩之间的过渡性岩石。实质上属于火山熔岩类，因为刚性岩块之间起胶结作用的是塑性熔浆，其成岩过程仍然属于"冷凝固结"成岩。这类熔岩基质中分布的火山碎屑>10%（上限不限定，但通常小于90%）。根据火山碎屑粒径的不同划分为集块熔岩（碎屑粒径>64 mm）、角砾熔岩（碎屑粒径为2~64 mm）和凝灰熔岩（碎屑粒径<2 mm）。

（1）安山质凝灰熔岩：德惠断陷的安山质凝灰熔岩主要见于德深9井。安山质凝灰熔岩是安山质火山碎屑岩向安山岩过渡的类型，熔岩物质含量可达10%~90%，SiO_2含量52%~63%；火山碎屑物质主要为岩屑和晶屑，含量>50%，碎屑粒级<2 mm，具有火山碎屑熔结结构，熔岩胶结，其岩性仍属于安山岩，也具有斑状结构、交织结构、安山结构、气孔、杏仁构造等特征。

（2）流纹质角砾熔岩：德惠断陷流纹质角砾熔岩主要见于德深9井、德深16井、农103井，主要分布于火石岭组。流纹质角砾熔岩和流纹质凝灰熔岩相似，成岩方式为冷凝固结成岩，流纹质塑性岩屑较粗大时，主要碎屑粒径2~64 mm，熔结角砾结构。

（3）流纹质凝灰熔岩：德惠断陷的流纹质凝灰熔岩常见于德深9井、德深12井、德深13井、德深16井、农101井、农103井，主要分布火石岭组。流纹质凝灰熔岩SiO_2含量一般大于69%；特征组分是流纹质塑性玻屑和塑性岩屑，此外含有玻屑、透长石、石英等晶屑，以及少量火山尘和其他刚性碎屑，主要碎屑粒径<2 mm。塑性岩屑的颜色可多变，可呈灰、浅褐至棕褐或黑色，凝灰质的玻屑常发生脱玻化或冷却结晶；有时塑性岩屑的边部形成栉状边或霏细质，而内部出现球粒，甚至出现由长石、石英微晶组成的镶嵌结构，这种双重结构是塑性岩屑的典型标志。

3）火山碎屑岩类

火山碎屑岩是火山作用形成的各种火山碎屑堆积物（tephra）经过"压实固结"而成的岩石。火山碎屑物喷出并降落堆积后，一般未经搬运或只经短距离搬运，然后在上覆重荷作用下经过压实、排水、脱气、体积和孔隙度减小、密度增加等一系列成岩作用，最终像沉积岩一样，粗碎屑被相对较细的填隙物质胶结，导致整个岩石固结而形成岩石。通常，火山碎屑岩中火山碎屑体积含量>90%（外碎屑<10%）时，外生碎屑组分是"热碎屑流"流动过程中裹进来的，或火山爆发过程中炸裂的围岩碎屑混进来的，可以认为，这种火山碎屑岩一般是纯粹火山活动的产物，无显著的后期沉积改造。

就物质成分而言，火山碎屑物可以是矿物碎屑（晶屑）、火山玻璃（玻屑）或岩石碎屑（岩屑），塑性岩石碎屑也叫浆屑。不管是那种碎屑都可再根据碎屑物的粒度进一步分为集块（≥64 mm）、角砾（2~64 mm）、凝灰（<2 mm）三级。岩石命名均以全岩中相应粒级火山碎屑物含量大于50%者作为岩石基本名称。例如火山碎屑岩中，集块级火山碎屑物含量大于50%，则称为集块岩；角砾级火山碎屑物含量大于50%者，称角砾岩；凝灰级火山碎屑物含量大于50%者，称凝灰岩。实际中混合粒级更为常见，此时采用少前、

多后、相对最多者作为基本名称的命名原则。

(1) 玄武质凝灰岩/火山角砾岩。德惠断陷玄武质凝灰岩主要见于德深 13 井的火石岭组，玄武质火山角砾岩主要见于合 103 井的火石岭组。玄武质凝灰岩的火山物质含量为 50%～90%，SiO_2 含量一般为 45%～52%。碎屑物质主要由粒径<2.0 mm 的晶屑、玻屑组成，有少量岩屑。胶结物质为火山灰或更细的火山物质，岩屑成分主要为玄武岩，也有少量围岩的碎屑，有时含有相当数量的不透明的隐晶质物质或铁质。火山碎屑大部分具有尖棱角状，斜长石、辉石等晶屑常常具有裂纹，在熔岩碎屑或熔岩胶结物中可见斑状结构、间粒结构、间粒间隐结构、玻基斑状结构等，也有气孔、杏仁等构造发育。玄武质火山角砾岩的碎屑物质主要粒径为 2～64 mm，主要由岩屑组成，含少量晶屑和玻屑；胶结物为火山灰或更细的火山物质，成岩方式为压实固结。

(2) 安山质火山角砾岩。德惠断陷的安山质火山角砾岩主要见于德深 19 井、农 103 井和农 49 井。安山质火山角砾岩和安山质凝灰岩相似，但是其中的碎屑物质主要由粒径较大（2～64 mm）的岩屑组成，含少量火山灰和晶屑，胶结物为火山灰或更细的火山物质，具火山角砾结构；这类岩石的碎屑主要为安山质熔岩，可见交织结构、安山结构等，也有少量的围岩碎屑，成岩方式以压实固结为主。

(3) 安山质凝灰岩。德惠断陷的安山质凝灰岩主要见于德深 19 井、农 103 井、万 5 井、万 22 井、农 49 井和农 52 井，在火石岭组和营城组都有分布。安山质凝灰岩的火山碎屑物质含量为 50%～90%，SiO_2 含量一般为 52%～63%。安山质凝灰岩的碎屑物质粒径一般<2.0 mm，由晶屑、玻屑组成，含少量岩屑，火山凝灰结构，碎屑成分主要为斜长石或暗化的黑云母、角闪石晶屑和更细的火山物质，成岩方式以压实固结为主。

(4) 流纹质火山角砾岩。德惠断陷的流纹质火山角砾岩主要见于德深 13 井和农 53 井中，主要分布在火石岭组。流纹质火山角砾岩与流纹质凝灰岩相似，但其碎屑物质主要由粒径较大（2～64 mm）的岩屑组成，还有少量火山灰和晶屑。胶结物质为火山灰或更细的火山物质。角砾成分主要为流纹质熔岩，也有少量围岩的碎屑，火山角砾大部分具有尖棱角状，部分碎屑棱角不明显，石英长石等晶屑常常具有裂纹。

(5) 流纹质凝灰岩。德惠断陷的流纹质凝灰岩主要见于德深 2 井、德深 13 井、德深 15 井、德深 16 井、德深 18 井、德深 20 井、农 15 井、农 18 井、农 49 井、农 53 井、农 101 井、农 103 井和万 5 井，主要分布于火石岭。流纹质凝灰岩的火山碎屑物质含量为 52%～90%，SiO_2 含量一般大于 63%，碎屑物质主要由粒径<2.0 mm 的玻屑、晶屑（石英和透长石）和岩屑（主要为流纹岩）以及火山尘组成，胶结物为极细火山尘和水化学沉积物质，具有火山凝灰结构。在显微镜下经常可以见到明显的尖棱角状、弓形、管形、楔形等玻屑以及棱角状或裂纹发育的晶屑。一般碎屑物的分选很差，层理不明显，但有时也可以见到层理较发育的流纹质凝灰岩。

4）沉火山碎屑岩类

这类岩石是介于火山碎屑岩和沉积岩之间的过渡型岩石，形成于火山作用和沉积改造的双重作用之下。火山碎屑物含量 50%～90%，成岩方式主要为"压实固结"，岩石具有沉火山碎屑结构，即碎屑颗粒可见不同程度的磨圆。火山碎屑物以是晶屑、玻屑为主，还有岩屑，具体岩石类型主要是沉凝灰岩，而沉集块岩和沉火山角砾岩比较少见。

（1）沉凝灰岩。德惠断陷的沉凝灰岩主要见于城德深 2 井、德深 11 井、德深 13 井、德深 18 井、农 8 井、农 103 井、农 52 井和农 53 井，火石岭、沙河子和营城组都有发育。沉凝灰岩岩石主要由岩屑、晶屑等火山碎屑组成，含量在 50%~90%，碎屑粒径<2 mm，除此外，还含有沉积岩、变质岩和侵入岩等外碎屑。成岩方式为压实固结成岩。

（2）沉火山角砾岩。德惠断陷的沉火山角砾岩主要见于德深 18 井、农 8 井和农 47 井，主要分布于沙河子组和火石岭组。沉火山角砾岩岩石主要由火山颗粒火山碎屑组成，含量在 50%~90%；大部分碎屑的粒径为 2~64 mm，除此之外，还含有沉积岩、变质岩和侵入岩等外碎屑。碎屑常可以见到轻微的磨圆，单多数情况下磨圆不好，成棱角状；压实固结成岩。

5）次火山岩类

次火山岩可形成于火山旋回的同期和后期，以后期为主。它是同期或后期的熔浆侵入到围岩中，较之于喷出岩更缓慢地冷凝结晶形成的，多位于火山口附近、火山机构下部几百米到一千五百余米，与其他岩相和围岩呈指状交切或以岩株、岩墙及岩脉形式嵌入。代表次火山岩亚相，具斑状结构至全晶质不等粒结构，冷凝边构造，流面、流线构造，柱状、板状节理。常见的柱状节理火山岩即为次火山岩亚相的代表（有些具有变形柱状节理或同时具有柱状节理和气孔的中基性岩火山岩可能属于侵出相或富水环境的次火山岩亚相）。这类岩体的直径可从几百米到十千米以上，高度十余米到二百余米。次火山岩亚相中常见围岩捕房体。岩石的代表性特征为岩石结晶程度高于所有其他火山岩，以及岩浆活动后期流体活动引起的斑晶熔蚀现象。

各类岩性可能存在的地震反射特征：对德惠断陷 13 口井火山岩井段的地震剖面统计分析发现（图 5.2），安山玄武岩在地震剖面上为似层状火山地层结构，表现为中—强振幅、中—高频率、连续性中—好。安山岩在地震剖面上主要为似层状、层状火山地层结构，偶见块状火山地层结构，地震参数主要表现为中—强振幅、中—高频率、连续性中—好，也见有中—弱振幅、中—低频率、连续性中—差。安山质火山角砾岩与安山质角砾熔岩在地震剖面上主要为似层状、层状火山地层结构，地震参数表现为中—强振幅、中—高频率、连续性好。安山质凝灰熔岩在地震剖面上主要为似层状火山地层结构，地震参数表现为中—弱振幅、中—低频率、连续性中—好。安山质凝灰岩在地震剖面上主要为层状火山地层结构，见有似层状火山地层结构，地震参数表现为中—弱振幅、中—低频率、连续性中—好。

沉凝灰岩在地震剖面上包括三种火山地层结构，其地震参数也有多种，表现为中—弱振幅、中—低频率、连续性中—好以及弱振幅、低频率、连续性中—差，还见有中—强振幅、中—强频率、连续性中—好。粗安岩在地震剖面上主要为似层状火山地层结构，地震参数表现为中—强振幅、中—高频率、连续性中—好。流纹岩在地震剖面上主要为似层状火山地层结构，地震参数表现为中—强振幅、中—强频率、连续性差。流纹质凝灰岩在地震剖面上主要为似层状火山地层结构，地震参数表现为中—强振幅、中—高频率、连续性中—好。玄武岩在地震剖面上主要为层状火山地层结构，地震参数表现为中—弱振幅、中—低频率、连续性好。英安岩在地震剖面上主要为块状火山地层结构，地震参数表现为弱振幅、低频率、连续性差。

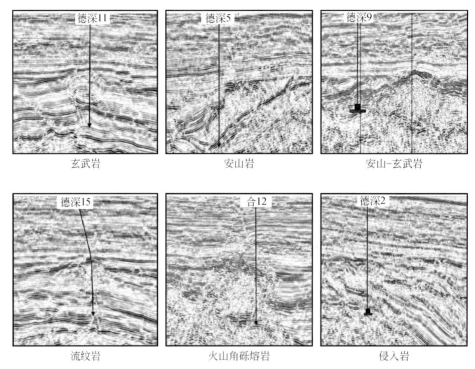

图 5.2　德惠断陷岩性地震反射特征

从整体上看中基性火山岩以似层状火山地层为主，层状火山地层次之，很少见块状火山地层；中酸性岩以块状火山地层为主；酸性岩一般以似层状火山地层为主。

5.1.2.4　火山熔岩气藏储层特征

1. 英安岩类储层

英安岩中主要发育三种孔缝组合类型：第一种是孔隙型组合类型，发育的各种成因裂缝多数成为无效孔隙，不利于次生孔隙的发育，微孔之间连通性较差，因此以Ⅳ类储层为主；第二种是孔隙+裂缝型，裂缝的发育大大增强了溶蚀（解）作用的强度，较为发育的次生溶孔多集中分布，为油气富集和流动提供了良好的储渗环境，使这类储层成为储渗能力很好的储层；第三种是裂缝型。

德惠断陷英安岩整体表现为"中孔-中渗低渗"储层特征对该岩性进行物性分析，孔隙度范围为 1.6%～8.3%，平均 5.02%。基质渗透率为 0.01～0.84 mD，平均 0.095 mD。该岩性成为好储层的效率一般。

2. 安山岩类储层

安山岩主要发育两种孔缝组合类型：一种是孔隙型组合类型，发育少量斑晶溶蚀孔、基质溶蚀孔、被完全充填的气孔发生溶蚀形成的杏仁溶蚀孔，孔喉是主要的渗流通道，储层储渗能力较低，局部发育Ⅳ类储层；另一种是溶蚀孔+裂缝型，后期的溶解作用产生少量的基质溶孔、晶内溶孔、杏仁体溶蚀孔和溶蚀缝，构造应力作用产生了少量的微裂缝，对储层储渗能力帮助较少。

德惠断陷安山岩整体表现为"中孔较高孔–低渗"储层特征，安山岩孔隙度范围在 2%～15.7%，平均 9.64%，主要分布于 9%～11% 和 12%～16%。基质渗透率为 0.01～0.29 mD，平均 0.0324 mD。

5.1.2.5　火山岩有利目标刻画

经过对德惠火山岩的全区解释，共识别、落实并刻画了三维区火山岩体 22 个（图 5.3），面积 360 km²，已钻九个，待钻五个，四个见烃类气，一个见油、一个见 CO₂，未钻探 16 个（224 km²）通过应用地震切片、地震剖面和反演数据体对火成岩的顶底面进行了解释。

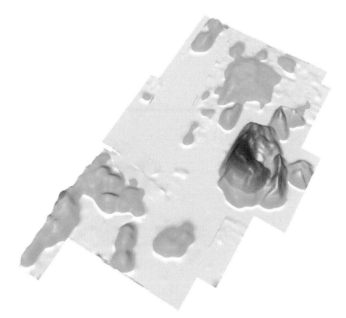

图 5.3　德惠断陷营城组火成岩分布图

1. 火山体宏观分析

龙王地区多为孤立火山体（小而多）（图 5.4），如德深 25 井区、农 49 井区的火山岩。郭家及布海地区的火山岩多为叠置火山岩体（大而少）（图 5.5），如德深 15 井、德深 17 井及布 1 井区的火山体。

2. 火山口检测

南部火石岭组火山口呈"暗色环状下凹"构型特征。龙王九个火山体可识别三个主火山口。农 53 井、农 50 井南主火山口，农 53 井体火山口刻画清晰，合 12 井残余古火山口（图 5.6）。

北部营城组火山口清晰，东主火山口不发育，主要沿德深 7 以西断裂带成串珠状分布，呈现多中心叠置喷发特征；德深 17 体：孤立于鲍家洼槽，具特殊喷发机制，早期中心式，晚期裂隙式，火山口呈链式排列，喷发期次界面清晰；德深 15 体：伴生火山体 6 个，受华家构造带隆升作用形成一系列北东向火山体，规模小，长轴延伸，短轴方向快速尖灭，具中心–裂隙式特征；布海火山体：顶部主火山口严重剥蚀识别不明显，局部可见次生火山口（图5.7，图5.8）。

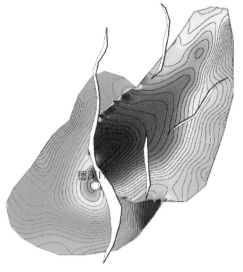

图 5.4　龙王地区的火山岩分布

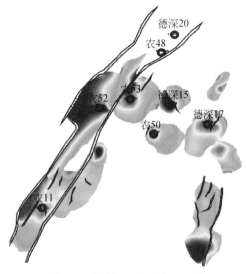

图 5.5　德深 17 井叠置火山岩

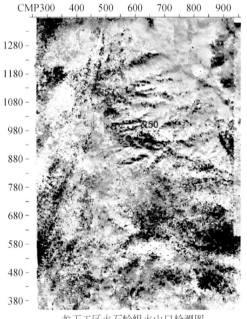

龙王工区火石岭组火山口检测图

龙王工区火石岭组火山口检测平面图

图 5.6　龙王工区火石岭组火山口

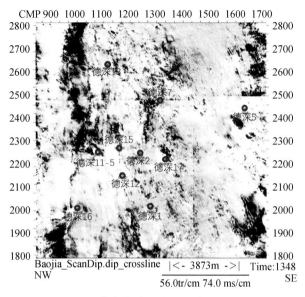

图 5.7　华家营城组火山口检测平面图

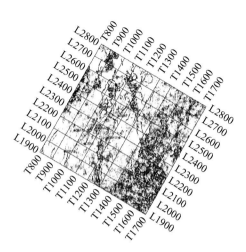

图 5.8　郭家营城组火山口检测平面图

3. 储层烃检测技术

1）AVO 响应正演分析——确定储层 AVO 响应特征

优选德深 17 井、德深 15 井、德深 7 井建立"高、低、干" AVO 正演模型；含气性越好，振幅随角度的变化越明显，德深 17 井 AVO 效应强，德深 7 井 AVO 效应不明显（图 5.9）。

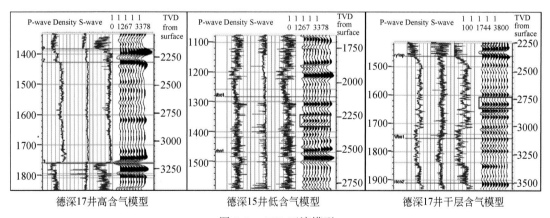

德深17井高含气模型　　　　　　　　德深15井低含气模型　　　　　　　　德深17井干层含气模型

图 5.9　AVO 正演模型

2）实际储层响应验证——第Ⅲ类 AVO 效应，亮点型气藏

对比干层，含气储层在近道显示为弱波谷，远道显示为强波谷（图 5.10）。

3）应用泊松比属性预测储层含气性，并落实平面分布范围

见图 5.11。德深 17 井气层分布在南部主火山机构，明显受主控断层控制，断层下降盘北部含气性明显变差，储层含气性预测结果与裂缝分布具有一定对应关系，预测德深 7

井区北部烃类气发育的概率较大，可作为下部勘探有利区。

布海火山体含气层分布在南翼与顶部剥蚀区，顶部剥蚀区源储不利，需进一步研究。

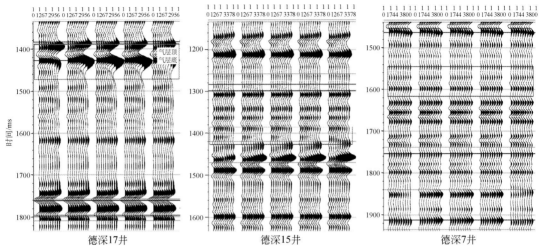

图 5.10　角道集剖面

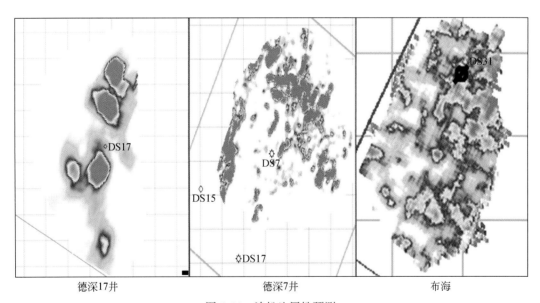

图 5.11　泊松比属性预测

根据前期研究结果，优选出三个有利目标。

（1）有利目标一：德深 52 井区火山岩体。

根据轴线将错动的地层连接起来，通过对比已钻的德深 16 井及农 103 井，可知德深 52 井的火山岩可能为碎屑岩或碎屑熔岩。其地震剖面具有层状地层结构的特点，外形为板状-席状，地震剖面内部中—高频、中—强振幅、连续性好，地震反射特征为平行—亚平行反射结构。从火山喷发中心向远端过渡的同一方向上各岩层厚度变化小，倾角变化微小。德深 52 井的地层结构类型及岩性与德深 16 井的相近，且两井距离相近，因此其物性等特征与德深 16 井的也应该是相近的。通过对德深 16 井储集空间类型及孔渗特点的分析，可推测德深 52 井的储集空间类型应以溶蚀孔和粒间孔为主，由于碎屑（熔）岩中颗粒较多，多数受沉积压实作用的影响，而在德深 16 井和农 103 井发现的烃源岩，也在一定程度上证明了德深 52 井烃源岩的存在，可产生有机酸，为溶蚀作用的发生提供物质基础。通过前面的研究，德深 16 井为高—较高孔中低渗储层，因此德深 52 井的物性应该是较好的，可能发育层状火山熔岩有利储层。

（2）有利目标二：德深 1 井区西侧火山岩体。

德深 1 井区的火山岩的地震剖面具有块状地层结构的特点，外形为穹窿状，内部中—低频率、弱—中振幅、连续性差，地震反射结构为乱岗–杂乱反射。块状火山地层结构的火山岩的有利储层一般分布于火山地层的顶部，在德深 9 井的地震剖面上，可以看到顶部发生剥蚀，可形成风化壳，表明遭受风化剥蚀，表面溶蚀的程度较高，且可能受到构造应力的作用，形成裂缝，但是由于剥蚀时间短，因此物性稍差，与德深 17 井相近。顶部的强反射轴，可能是物性变好的结果，在相近的德深 19 井和德深 12 井中发现了烃源岩存在的证据，特别是在德深 12 井中发育了 100 m 厚的泥岩，因此推测德深 1 井可能发育烃源岩地层，但无法落实火石岭组地层是否发育烃源岩。由于圈闭幅度较好，与烃源岩的对接幅度有限，没有形成较好的源储配置关系，成藏条件一般。

（3）有利目标三：德深 9 井区火山岩体。

德深 9 井区的火山岩地震剖面具有块状地层结构的特点，外形为穹窿状，内部中—低频率、弱—中振幅、连续性差，地震反射结构为乱岗–杂乱反射。块状火山地层结构的火山岩的有利储层一般分布于火山地层的顶部，在德深 9 井的地震剖面上，可以看到顶部发生剥蚀，可形成风化壳，表明遭受风化剥蚀，表面溶蚀的程度较高，且可能受到构造应力的作用，形成裂缝，物性应与德深 17 井相近。在临近的德深 9 井和德深 4 井中没有发现烃源岩存在的证据，因此德深 9 井的烃源岩发育情况无法落实。德深 9 井在 1847～2355 m 钻遇安山岩及安山质凝灰熔岩，因此推断在德深 9 井区中火山岩体应该是安山质的熔岩或碎屑熔岩。

5.2　王府断陷火山岩体刻画与有效储层预测

5.2.1　研究区基本情况

1. 王府断陷

王府断陷位于东南隆起区北部，北邻莺山断陷，南邻德惠断陷，西邻登娄库凸起。断陷类型为西断东超式，断陷面积 4280 km²，基底最大埋深 5400 m。通过近几年的精细勘探，王府断陷部署的多口探井均获工业气流，其中城 9 井在泉一段获得 10 万 m³ 的高产工业气流，为了加快王府地区天然气勘探开发步伐，需正确认识该区油气藏类型，落实主力储层展布、开展火山岩体精细刻画，整体研究王府断陷结构、地层对比、落实断陷区域构造特征，开展有利储层综合预测和目标识别优选，提供有利钻探目标。

王府断陷具备一定的储量规模，其中泉一段和深层火山岩是该区储量接替的重要产层。存在的问题首先是资料品质较差、断裂发育、构造复杂、构造、断裂与油气成藏关系有待于研究，构造特征需要深化研究。其次，泉一段以大型河流相沉积为主，河道砂体发育，单砂层厚度 3~8 m，泥岩隔层厚 1~20 m 不等，砂岩叠置关系错综复杂，历来是储层预测的难点；火山岩储层发育，但多数储层致密，非均质性强，横向变化快。针对油气藏的复杂性，目前需要解决的问题是针对河道砂和火山岩进一步精细储层刻画和描述，来揭示河道砂和火山岩储层的内幕信息，寻找有利储层。

为落实王府断陷的规模储量，有必要在该区开展有效储层的地震识别技术研究，提高有效储层的识别精度。关键技术主要有以下两方面：①利用高家店、小城子三维连片处理资料及新采集的三维资料进行连片构造解释，开展区域断陷地层格架研究，结合断陷结构、构造演化研究构造特征；②针对复杂岩性油气藏的识别，重点是开展储层精细刻画技术研究，开展火山岩地震识别、描述、评价技术研究，搞清区域火山岩分布特征。

2. 沉积储层特征

王府断陷营城组—火石岭组沉积时期，西部主要发育扇三角洲、深湖—半深湖相，东部主要发育冲积扇。山东屯构造带位于扇三角洲、深湖—半深湖相带，城深 1 井位于该构造带之上。新立-武家屯构造带位于冲积扇扇中、扇根发育区。小城子构造带泉二段及其以下地层主要储集体为扇三角洲相叠置水下辫状河道，曲流河相边滩和决口扇，岩性以砂砾岩、粉细砂岩为主。新立-武家屯构造带泉二段及其以下地层主要储集体为冲积扇冲积河道、辫状河辫状河道，岩性以砾岩、砂砾岩为主。

3. 油气成藏机制

据目前的钻探成果，王府断陷深层油气主要富集于泉一段、登娄库组、营城组、沙河子组和火石岭组地层。平面上围绕着王府断陷生烃中心呈半环状分布，外环以城 4 井、城 5 井为代表的泉一段断层-岩性气藏，内环以城深 6 井为代表的沙河子组构造-岩性气藏。这种油气分布规律是由该区的油气成藏机制决定的。王府断陷共有两次大的成藏期，第一个成藏期始于沙河子组—营城组沉积时期，此时，火石岭组、沙河子组以及营城组深部烃源岩随着埋深的增加逐渐进入成熟阶段，生成的油气以同生断层为运移通道，或直接进入储层，在高部位聚集，形成岩性构造或构造油气藏。

如典型的城深 1 井营城组、沙河子组气藏。第二次大的成藏期始于登娄库组沉积时期—嫩江组沉积末期，随着埋藏深度的增加，深层烃源岩已进入高成熟—过成熟阶段，生成的油气初期垂向运移，随着埋藏深度的增加、成岩作用的变强，致密的岩层阻止了油气垂向运移，在烃源岩生烃量达到饱和的状态下，巨大的超压作用使油气沿不整合面或储层侧向运移，到构造高部位，有的形成地层超覆油气藏、砂岩上倾尖灭油气藏，有的由拗陷层断层运移到构造更高部位形成断层岩性油气藏，如典型的城 5 井泉一段气藏。嫩江组末期，后期的构造运动对深层影响不大，基本保持侧向运移为主的油气运移方式。

4. 勘探历程

王府断陷地区的勘探工作从 20 世纪 50 年代开始，先后完成了常规二维地震和二维高分辨率地震 3460 km，测网密度（1×1）km～（1×2）km；完成三维地震 1125 km²（小城子 478.4 km²，高家店 171.10 km²，增盛 266.5 km²，永平部署 174 km²，善友 135 km²）。通过地震详查落实圈闭后，加强钻探和试油工作。

王府断陷自 1987 年就开展数字地震工作，至 2009 年共有十几个年度采集，测网密度（1×1）km～（2×2）km。由于地震资料采集、处理跨越时间较长，致使采集、处理所用仪器、参数、流程均有较大的差异。其结果就是现在所用的各年度地震剖面在品质上有较大差异。无法对构造、断裂、特殊岩性体进行识别。2010 年在小城子开展了三维地震采集工作，完成工作量 126 km²，主要针对城深 2 井区火石岭组火山岩目标，取得了较好的效果，但对于洼槽内地层展布特征及特殊岩体还需进一步认识，为此，2011 年在小城子地区的东、北、南共部署三维地震满覆盖面积 352.8 km²。其中小城子南永安堡地区满覆盖面积 96.8 km²；山东屯地区满覆盖面积 256 km²。2011 年在王府断陷哈拉毛都–增盛地区进行三维地震勘探，部署三维地震满覆盖面积 266.5 km²。2012 年在王府断陷永平地区进行三维地震勘探，部署三维地震满覆盖面积 174 km²。2013 年在王府断陷善友地区进行三维地震勘探，部署三维地震满覆盖面积 135 km²。

截至目前，王府断陷已完钻各类探井 65 口，其中有 20 口井获得工业气流，3 口井获得少量气流。发现青山口组、泉头组一段、登娄库组、营城组、沙河子组和火石岭组六套含气层系，并已于 2011 年提交天然气控制储量，是近期深层天然气勘探的有利区之一。

5.2.2　应用情况

1. 区域构造特征

本区各层构造格局基本一致，西高东低。工区东西部为一控盆断裂，属于双断式结构，受该断裂控制，深层埋深变化大，沙河子组地层东部缺失，中部埋深大，东部抬起。王府断陷增盛洼槽，断陷结构为双断式断陷，火石岭组顶面整体上表现为东倾的斜坡，西高东低。近南北向断层和北东向断层把断陷切割成垒堑相间的多个构造带，如善友反转构造带，且构造发育纵向具有很好的继承性，增深 1 井位于善友反转构造带上。

2. 构造演化史分析

根据本区地震资料解释、构造发育史分析、地层等厚图和前人的研究成果，结合钻井资料，研究分析了本区构造演化史。本区同松辽盆地一样经历了断陷期、断拗转换期、拗陷期和萎缩期四个演化阶段。早期断陷为盆地的起始阶段，沉积地层为侏罗系，为陆相火山碎屑岩沉积建造，最大厚度达 2000 m 左右。拗陷期是盆地的全盛时期，沉积了登娄库组、泉头组、青山口组、姚家组、嫩江组地层。白垩系地层发育，覆盖全区，为陆相碎屑岩夹油页岩沉积建造，这一阶段，出现了松辽盆地青一段和嫩一段沉积时期两次最大湖侵，泉头组末期一次大的构造拉张运动，使湖盆急剧扩大，沉积了青山口组巨厚的暗色泥岩。青山口组地层超覆在泉头组之上，并且从西向东逐渐减薄，说明斜坡已经相当明显，整个松辽盆地已经由"断陷型"转变为"拗陷型"为主的发育时期，并开始大面积的深湖沉积。这个时期构造运动相对减弱，嫩江组沉积末期，盆地整体抬升。本区各层构造格局基本一致。工区东西部为大断裂，该断裂控制了早期地层沉积，侏罗系地层变化大，沙河子组地层东部缺失，中部埋深大。

　　根据地震剖面、构造发育史剖面及断层平面展布规律分析，工区内断裂活动主要分为以下几个时期：断陷形成初期，受区域性拉张力作用，发育一些北北东、北北西向的基底断裂，控制了侏罗系地层的沉积，大部分断层在登娄库组沉积时期仍在活动，也有的断裂持续活动至泉头组沉积末期。晚期断层主要发育一些北北西及近南北走向断层，延伸长度较短，主要分布在工区的中部。多数断裂断开泉头组地层，部分断裂垂直断距较大，这些断层数量较少。

　　另外，还有部分断裂后期持续活动至嫩江组沉积时期，断层多期活动，以早期断层为主，断开 T_4-T_2 各反射层；晚期断层次之，表现为断开 T_3-T_2 各反射层。断层多为近南北走向展布，断层北东向、近南北向、北西向、北北西向走向均有发育，除边界断层等少数断层外，断层延伸短，水平和垂直断距小（图 5.12）。

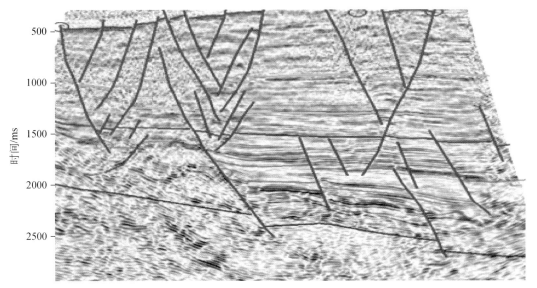

图 5.12　王府地区典型地震剖面

3. 火成岩解释

　　利用善友三维地震剖面进行精细标定，利用二维、三维地震资料进行异常体刻画。火石岭组异常体顶面与沉积岩有明显分界面，内幕表现为低频、中强振幅、呈丘状杂乱反射特征。在精细标定基础上对异常体顶底面进行追踪，采用变速成图技术编制异常体构造图和厚度图。异常体顶面整体表现为中间高两边低的构造格局。构造高点位于构造中部，高点海拔 -2560 m，西部以海拔 -3500 m 为火山岩体最大圈闭线，幅度 1000 m，异常体圈闭面积 60 km^2，最大厚度 1000 m。

4. 异常体精细刻画

　　地震数据体扫描丘状反射，受深大断裂控制，沿断裂状分布。分布特征为纵向上相互叠置，横向上叠错联片，分布范围广，面积大。

通过在三维地震剖面上进行精细标定，火石岭组异常体顶面地震反射特征表现出强振幅反射，连续性较好，区域分布稳定，易追踪等特点。在精细标定基础上对顶底面进行追踪，采用变速成图技术编制顶面构造图。1 号异常体顶面整体表现为近南北向展布，面积 29 km², 厚度 0 ~ 600 m。2 号异常体顶面整体表现为椭圆展布，面积 21 km², 厚度 0 ~ 550 m。3 号异常体顶面整体表现为椭圆展布，面积 12 km², 厚度 0 ~ 350 m。

5.3　英台断陷火山岩体刻画与有效储层预测

5.3.1　研究区基本情况

英台气田位于吉林省镇赉县境内，邻近英台油田和四方坨子油田。该区地势平坦，地面海拔 160 ~ 180 m，工区内有公路通过，交通便利，有利于天然气的勘探、开发与运输，具有较优越的自然地理和经济条件。

英台断陷位于松辽盆地南部西部断陷带北部，为双断式地堑特征，沙河子组断陷面积 650 km²，断陷地层厚度 500 ~ 4000 m，基底最大埋深 7800 m。依据基底结构、断陷层顶面构造特征及营城组、沙河子组地层展布特点，将英台断陷划分为西部五棵树断鼻构造带、中部洼槽带、东部凸起带，海拔为 180 ~ 250 m。受深层控陷断裂和多期构造运动叠加影响，多发育与断层有关的断块、断鼻构造（多沿断裂带呈串珠状分布），背斜次之。深层圈闭数量多、幅度大、面积小，类型丰富，除背斜、断背斜、断块、岩性等圈闭外，还发育古潜山、火山岩体、地层超覆、不整合等特殊类型的圈闭。纵观深浅层构造发育特征，纵向上构造高点迁移有一定的规律性，平面上有一定联系，而且成因相似的构造成排、成带分布。英台断陷经过多年勘探，三维地震满覆盖面积 1100 km²，气藏埋深 2200 ~ 4600 m，在泉一段—登娄库组、营二段及营一段三套含气层段均获得重大突破。截止到 2017 年底，已完钻多口探井、评价井和开发井，共计 56 口，其中开发井 19 口。多口井在各层系获得工业气流或者高产工业气流，展示良好的勘探前景。2011 年至 2012 年，英台断陷三套目的层均已提交探明储量。

5.3.2　应用情况

1. 火山岩有利相带评价技术

应用地震相分析、相干体分析等技术，研究地震可分辨的最小单元储层的沉积相 [包括一个同相轴内所含砂层（或其他储层）的厚度变化及尖灭情况、平面展布形态和井间连通性、物性变化情况]，井震结合建立不同岩相地震响应模式，重点明确五大储层地震反射特征，按照地震波形、振幅、频率与围岩接触关系建立不同类型火山岩相组合，按照地震剖面的响应特征划分不同岩性火山岩，对深层特殊地质体的外部形态描述有较好的识别效果，建立火山岩相与地震相的对应关系。

2. 具体研究手段

利用钻井信息标定典型火山岩相地震响应特征，优化地震属性时窗，多属性融合聚类后，井震结合应用 GeoEastBP 神经网络模式识别进行火山岩相预测。振幅法通过制作三维层振幅切片，观察振幅异常的形态、大小、延伸。正演模型法通过研究振幅与砂厚、尖灭、物性等的关系，再用实际振幅推算砂厚平面变化、尖灭及物性变化等。利用反演法获得一个同相轴内部波阻抗或速度的纵横向变化，进一步研究砂厚、物性、含油性。模式识别法通过人工神经网络或遗传算法建立它们与地震振幅、频率、速度等之间的关系，再用此关系推断无井区砂厚、孔隙度或含油饱和度（图 5.13）。

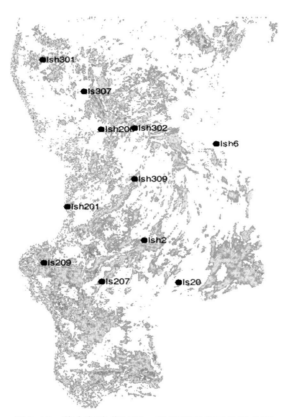

图 5.13　英台断陷营城组一砂组顶面多属性融合图

熔岩单体对接精细刻画技术：对所有井进行分析后发现，五棵树地区营一段火山熔岩储层与烃源岩存在三种空间关系——侧向对接关系、上下对接关系和无对接关系。侧向对接有利天然气运移但取决于对接厚度大小和储层物性，上下对接气源运移困难，无对接远离烃源岩。

其中侧向对接比较有利，但受对接厚度大小和储层物性影响。对接厚度大，储层物性好为最有利的配置关系。龙深 2 井、207 井、303 井这三口工业气流井均属于这样的配置关系。上下对接和无对接均不利于天然气的运移，龙深 3 井属于上下对接，显示较差；龙深 201、202 井营一段储层物性好，但远离烃源岩，也未能获得工业气流。

"侧生侧储"成藏规律总结：营二段烃源岩通过与营一段火山熔岩储层侧向对接实现侧向供烃；对接面为营一段顶面断层的断面，断距越大，能对接的厚度越大；营一段火山熔岩储层与营二段 2、3 单元地层对接更加有利；气源充足的情况下，营一段火山熔岩储层物性好是成藏的必要条件。

　　熔岩单体对接成藏精细刻画技术应用效果：火山体顶面多呈现锥形和盾形特征，展布以北东向和近南北向为主，重点结合测井、录井信息，参考岩性特征变化响应刻画火山包络面。目前钻遇的凝灰岩有龙深 2 井、龙深 204 井、流纹岩有龙深 303 井、龙深 3 井、平 4 井火山岩体，其他为多体叠置，内部需细化。刻画营一段对接面高度，落实储层与营二段烃源岩，有利圈闭 25 个，面积 32.1 km^2。

第6章　储层烃类检测技术及应用

6.1　烃类检测技术

含气性检测工作是储层预测的终极目标，关系井位钻探的成败。储层含气性预测的技术较多，如 AVO 技术、吸收系数、模式识别、振幅能量衰减、吸收滤波技术、神经网络油气检测技术、地震多属性分析技术、叠前弹性参数反演技术等。储层预测的基础上，采用多种技术手段进行含气性综合预测，为钻探井位的确定和含气面积的圈定提供参考依据。目前 AVO 技术在吉林探区应用情况较好，下面主要针对 AVO 技术进行介绍。

6.1.1　AVO 技术简介

AVO 是英文 Amplitude Various with Offset 的简写，早先称之为 Amplitude Versus Offset。AVO 技术则是通过建立储层含流体性质与 AVO 的关系，应用 AVO 的属性参数来对储层的含流体性质进行检测。当储集层含油气后，会使得 AVO 发生异常，反之可以利用 AVO 进行含油气性预测。

在实际应用中，就是利用地震反射的 CDP 道集资料，分析储层界面上的反射波振幅随炮检距的变化规律，或通过计算反射波振幅随其入射角 θ 的变化参数，估算界面上的 AVO 属性参数（AVO 截距 P 和 AVO 斜率 G）、泊松比和流体因子等，进一步推断储层的岩性和含油气性质。

AVO 应用的基础是泊松比的变化，而泊松比的变化是不同岩性和不同孔隙流体介质之间存在差异的客观事实。基于这种事实，使我们应用 AVO 技术进行储层识别和储层孔隙流体性质检测成为可能。

AVO 技术主要有以下几方面的特点。

（1）AVO 技术直接利用 CDP 道集资料进行分析。这就充分利用了多次覆盖得到的丰富的原始信息，而各种利用叠后资料进行解释的方法都忽视和丢掉了包含在原始道集里的很有价值的信息。

（2）亮点技术的理论基础是平面波垂直入射情况下得出的有关反射系数的结论，仅用反射系数的大小和极性变化来推断界面的特性（波阻抗差）。AVO 技术利用了振幅随炮检距（入射角 θ）变化的特点，也就是说，利用了整条 R(θ) 曲线的特点，而亮点技术只利用了 $\theta=0$ 这一特殊情况下曲线的一个数值。所以，一般说来，AVO 技术对岩性和储层含流体性质的解释要比亮点技术更为可靠。从而，亮点剖面上的一些假异常也有可能利用 AVO 技术进行全面识别。

（3）波动方程偏移技术是利用波动方程进行地震剖面成像的一个重大成果，也可看作是用波动方程进行地下构造形态的"反演"。而直接利用波动方程进行地层弹性参数的反演（也可看作是岩性反演）的工作，虽然近几十年已进行了大量研究，但离真正用于生产还有一定距离。AVO 技术严格来说虽然还不能算是一种利用波动方程进行岩性反演的方法，但它的思路、理论基础已经是对波动方程得到结果的比较精确而且直接的利用。

（4）AVO 技术是一种研究岩性和含油气性比较细致的方法，需要有一定的地质、测井和钻井资料的配合。在油田勘探阶段主要是对目的层段的含油气性进行预测；在油田开发阶段，已有大量的相关资料证明，可以做到对有关油气参数的准确预测。

（5）根据 Domenico 的理论，P 波在储层含气的状况下，可发生非常明显的降速效应，从而导致储层泊松比的急剧下降。因此，AVO 技术在对气藏的检测方面具有明显的优势。

（6）同其他的储层表征方法相比，AVO 技术是基于严格的知识表达且具有明确地质意义的地球物理方法，而许多其他的方法都是在地球物理方法获得间接参数的外部使用统计等最优化算法进行综合判别。无论从理论上还是从实际应用上来讲，AVO 技术均较其他方法优越。

6.1.2　AVO 技术的理论基础

当一个平面纵波倾斜入射到两种介质分界面上，就要产生反射波和透射波。如入射波是 P 波或 SV 波，那么一般就会产生四种波，即反射 P 波，反射 SV 波，透射 P 波，透射 SV 波。而入射波为 SH 波时则产生反射 SH 波，透射 SH 波。

如图 6.1，一个平面 P 波投射到两个介质分界面上，上下介质参数及各种波引起介质质点振动的正方向规定如图所示，即 P 波引起的质点位移以向波的传播方向位移为正，SV 波从波的传播方向看，质点向右位移为正。在界面上，根据应力连续性和位移连续性，并引入反射系数、透射系数，就可以得出四个波的位移振幅应当满足的方程组如式（6.1）：

$$
\begin{bmatrix}
\cos\alpha_1 & \dfrac{V_{p1}}{V_{s1}}\sin\beta_1 & \dfrac{V_{p1}}{V_{p2}}\cos\alpha_2 & \dfrac{V_{p1}}{V_{s2}}\sin\beta_2 \\[2ex]
-\sin\alpha_1 & \dfrac{V_{p1}}{V_{s1}}\cos\beta_1 & \dfrac{V_{p1}}{V_{p2}}\sin\alpha_2 & \dfrac{V_{p1}}{V_{s2}}\cos\beta_2 \\[2ex]
-\cos2\beta_1 & -\sin2\beta_1 & \dfrac{\rho_2}{\rho_1}\cos2\beta_2 & -\dfrac{\rho_2}{\rho_1}\sin2\beta_2 \\[2ex]
\sin2\alpha_1 & \dfrac{V_{p1}^2}{V_{s1}^2}\cos2\beta_1 & \dfrac{\rho_2 V_{s2}^2 V_{p1}}{\rho_1 V_{s1}^2 V_{p2}}\sin2\alpha_2 & \dfrac{\rho_2 V_{p1}^2}{\rho_1 V_{s1}^2}\cos2\beta_2
\end{bmatrix}
\cdot
\begin{bmatrix}
R_{pp} \\[1ex] R_{ps} \\[1ex] T_{pp} \\[1ex] T_{ps}
\end{bmatrix}
=
\begin{bmatrix}
\cos\alpha_1 \\[1ex] \sin\alpha_1 \\[1ex] \cos2\beta_1 \\[1ex] \sin2\beta_1
\end{bmatrix}
\tag{6.1}
$$

式中，R_{pp} 为纵波反射系数；R_{ps} 为转换横波反射系数；T_{pp} 为纵波透射系数；T_{ps} 为转换横波透射系数；V_{p1} 和 V_{p2} 分别为界面上下岩层的纵波速度；V_{s1} 和 V_{s2} 分别为界面上下岩层的横波速度；ρ_1 和 ρ_2 分别为界面上下岩层的密度；α_1 为纵波入射角和反射角；β_1 为转换横波的反射角；β_2 为透射转换横波的折射角。

其中，介质 1 表示入射波和反射波所在的介质，介质 2 表示透射波所在的介质；V_{p1}、V_{s1} 表示介质 1 中纵横波的速度；V_{p2} 和 V_{s2} 表示介质 2 中纵横波的速度；ρ_1 和 ρ_2 分别表示介质 1 和介质 2 的密度；θ_1 表示纵波的入射角和反射角；β_1 表示横波的反射角，θ_2 和 β_2 分别

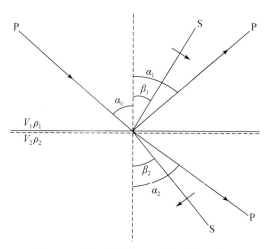

图 6.1　平面波在界面上的反射和透射

表示纵横波的透射角；R_{pp}、R_{ps}、T_{pp}、T_{ps} 分别表示 P 波反射系数、SV 横波反射系数、P 波透射系数和 SV 波透射系数。上述公式中几种角度间满足 Snell 定理，亦即：

$$\frac{\sin\theta_1}{V_{p1}} = \frac{\sin\theta_2}{V_{p2}} = \frac{\sin\beta_1}{V_{s1}} = \frac{\sin\beta_2}{V_{s2}} \qquad （式6.2）$$

　　这个方程组是由 Zoeppritz 在 1919 年解出的，因此称为 Zoeppritz 方程。由于这个方程组比较复杂，不能解出四种新波动的振幅与有关参数明确的函数关系，但是从方程组可以看出反射纵波反射系数 R_{pp} 是关于入射角 θ_1、界面上部介质的密度 ρ_1、纵波速度 V_{p1}、横波速度 V_{s1}，以及界面下部介质的密度 ρ_2、纵波速度 V_{p2}、横波速度 V_{s2} 等七个参数的函数，即可简单表示为 $R_{pp}(\theta_1，\rho_1，V_{p1}，V_{s1}，\rho_2，V_{p2}，V_{s2})$。虽然我们不能从方程组中解出 R_{pp} 与这七个参数的明确关系，但是我们可以设想以介质的六个物性参数为参变量，以入射角为变量，做出纵波反射系数与入射角的曲线，并分析反射系数随入射角的变化规律。

　　我们看到，完整的 Zoeppritz 方程全面考虑了平面纵波和横波入射在平界面两侧产生的纵横波反射和透射能量之间的关系，但 Zoeppritz 方程过于复杂，也难于直接看清各参数对反射系数的影响。因此，很多人做了大量的工作从不同方面对 Zoeppritz 方程进行简化，这一方面可以节省计算工作量，另一方面更有利于 AVO 技术的研究和应用。

　　1955 年 Koefoed 第一次给出了将泊松比与反射系数直接联系起来的 Zoeppritz 方程近似方程。他用 17 组纵横波速度、密度和泊松比参数，较为详细地研究了泊松比对两个各向同性介质之间反射/折射面所产生的反射系数的影响，最大的入射角达到 30°。他的研究结果被公认为 Koefoed 五原则。在此基础上 K. I. Aki 和 P. G. Richards（1980 年），Shuey（1985 年）进一步研究了泊松比对反射系数的影响，并对 Zoeppritz 方程作了进一步的简化。Shuey 给出的简化公式是目前人们使用最多的 Zoeppritz 近似方程。根据该方程，人们在实际地震资料处理中产生一整套深受解释人员欢迎的 AVO 属性剖面，这些剖面对 AVO 异常的识别及含气砂岩的划分都非常有用，促进了 AVO 技术在油气勘探中的应用。

　　Shuey（1985）的近似公式实际上是将 Aki 和 Richards（1980）得出的 Zoeppritz 近似解进一步简化导出的。Aki 等在$\Delta\rho/\rho$、$\Delta V_p/V_p$、$\Delta V_s/V_s$都远远小于 1 的假设条件下，得到

Zoeppritz 方程的近似解，其中纵波入射时的纵波反射系数公式 $R(\theta_1)$ 为：

$$R(\theta_1) \approx \frac{1}{2}\left(1 - 4\frac{V_s^2}{V_p^2}\sin^2\theta_1\right)\frac{\Delta\rho}{\rho} + \frac{\sin^2\theta_1}{2}\frac{\Delta V_p}{V_p}\frac{4V_s}{V_p}\sin^2\theta_1\frac{\Delta V_s}{V_p} \qquad (式6.3)$$

Shuey（1985）又加上两个假设条件。即：$\theta_1 \approx \theta$

$$V_s^2 = V_p^2\frac{1 - 2\sigma}{2(1 - \sigma)} \qquad (式6.4)$$

在这些严格的假设条件下，Shuey 得到纵波入射时反射系数的简化公式

$$R(\theta) \approx R_0 + \left(A_0 R_0 + \frac{\Delta\sigma}{1 - \sigma^2}\right)\sin^2\theta + \frac{1}{2}\frac{\Delta V_p}{V_p}(\mathrm{tg}^2\theta - \sin^2\theta) \qquad (式6.5)$$

及假设条件中：

$$\theta = (\theta_1 + \theta_2)/2$$
$$\Delta\rho = \rho_2 - \rho_1$$
$$\rho = (\rho_2 + \rho_1)/2$$
$$\Delta V_p = V_{p2} - V_{p1}$$
$$V_p = (V_{p2} + V_{p1})/2$$
$$\Delta V_s = V_{s2} - V_{s1}$$
$$V_s = (V_{s2} + V_{s1})/2$$
$$\Delta\sigma = \sigma_2 - \sigma_1$$
$$\sigma = (\sigma_2 + \sigma_1)/2$$
$$R_0 = \frac{1}{2}\left(\frac{\Delta\rho}{\rho} + \frac{\Delta V_p}{V_p}\right)$$
$$A_0 = B - 2(1 + B)\frac{1 - 2\sigma}{1 - \sigma}$$
$$B = \frac{\dfrac{\Delta V_p}{V_p}}{\dfrac{\Delta V_p}{V_p} + \dfrac{\Delta\rho}{\rho}}$$

其中：σ_1、σ_2 分别为上下介质泊松比，并且 $\dfrac{V_s^2}{V_p^2} = \dfrac{1 - 2\sigma}{2(1 - \sigma)}$。

Shuey 指出，近似公式由三部分组成：右边第一项 R_0 近似等于垂直反射系数；右边第二项近似等于中等角度入射（$\theta<30°$）时的反射系数；第三项近似为临界角附近的反射系数，并且从公式中可较清楚地看到介质参数对反射系数的作用，尤其是 $\Delta\sigma$，ΔV_p，$\Delta\rho$ 等。在 $\theta<30°$ 时，Shuey 将上面的简化方程进一步简化为

$$R(\theta) \approx R_0 + \left[A_0 R_0 + \frac{\Delta\sigma}{(1 - \sigma)^2}\right]\sin^2\theta \qquad (式6.6)$$

在这里，我们可进一步将上式简写为

$$R(\theta) = P + G\sin^2\theta \qquad (式6.7)$$

式中：R 为反射系数；θ 为入射角；P 为 AVO 截距；G 为 AVO 斜率。

这表明，在入射角小于中等角度时，纵波反射系数近似与入射角正弦值的平方成线形关系。

根据这一思路，许多人致力于 Zoeppritz 方程的简化研究工作，如：Aki 和 Richards (1980)、Shuey (1985) 以及郑晓东 (1991)、杨绍国和周熙襄 (1994) 等，其中 Shuey (1985) 提出的近似公式是目前使用较多的一种。

在 AVO 反演中，我们可以利用 Shuey 的这一简化方程，做出 P、G 交会图以及 AVO 的 P、G 属性剖面等，这对于我们分析 AVO 的异常有重要意义。

根据 Shuey 的二阶 Zoeppritz 近似方程，可以得到 AVO 的属性参数：P、G、P 与 G 的和以及 P 与 G 的积等。做 AVO 反演时，在动校正后的共中心点道集上，对每个时间采样点反射振幅随入射角的变化进行直线拟合，计算出 P 和 G，便可以得到如下的 AVO 属性剖面。

（1）由 AVO 截距组成的 P 剖面。这是一个真正的法线入射零炮检距剖面。

（2）由 AVO 斜率组成的 G 剖面。G 剖面反映的是岩层弹性参数的综合特征。对应 P 波波峰，当斜率 G 为正值时，表示振幅随炮检距的增加而增加；当 G 为负值时，表示振幅随炮检距的增加而减小。对应 P 波波谷，当斜率 G 为正值时，表示振幅随炮检距的增加而减小；当 G 为负值时，表示振幅随炮检距的增加而增加。因此，单独使用 G 剖面很难对 AVO 特征做出解释。解决这个问题有三种方法，一是将 G 剖面与 P 剖面叠合显示，在 P 剖面波形背景上用彩色显示出 G 值，波峰上的正 G 值和波谷上的负 G 值都表示振幅随炮检距增加而增加。二是把波峰上的正 G 值和波谷上的负 G 值都用同一种彩色显示，这个彩色表示振幅随炮检距增加而增加。三是对振幅取绝对值，然后求取 G 值，只要 G 是正值，就表示振幅随炮检距增加而增加。

（3）横波剖面。当纵、横波速度比近似等于 2 时，$(P–G)/2$ 可以反映出横波波阻抗的特征。

（4）泊松比剖面。当纵、横波速度比近似等于 2 时，$P+G$ 反映的是泊松比的特征。

（5）截距与梯度的乘积，即 $P×G$ 剖面，也称 AVO 强度剖面。这种剖面更有利于识别气层。

6.2　烃类检测技术在火山岩储层中的应用

长岭断陷三维地震资料满覆盖，共包含三维地震工区 50 个，资料面积 13000 km²，其中吉林油田 43 个，总面积 10000 km²，中国石化东北油气分公司地震工区七个，总面积 3000 km²。从长深 1 井获得突破的 2005 年至 2013 年之间，深层勘探均是针对单个和少数几个三维工区开展火山岩刻画和地层对比等工作，在前期资料条件的限制下，针对长岭断陷缺乏整体研究，难以形成整体认识（图 6.2）。

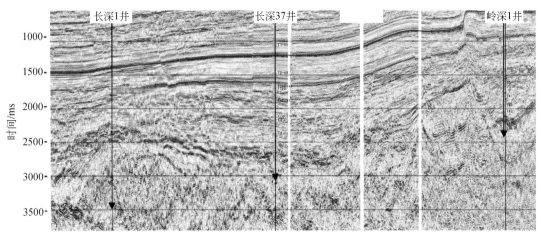

图 6.2　长岭地区现今构造剖面

6.2.1　影响因素探讨

1. 因素 1：采集参数的影响

从联井地震剖面看，两个地震工区边界线右侧振幅明显强于左侧剖面的振幅。从沿着长深 37 井火山岩顶界面提取异常属性，利用该属性所做的平面图，即振幅包络属性图上可看到异常明显分区分块。从叠前地震资料振幅均方根平面图上可看到异常振幅也呈区带性，这说明几个年度拼接在一起的资料，明显可以看出能量和振幅不均衡，野外采集参数不一致。一开始我们试图通过这种方法来解决：由已知井出发进行 AVO 分析获得一个结果，再由未知井点出发进行 AVO 分析获得一结果，然后，进行综合对比分析，我们认为前者理论依据要更加充分，因此我们采用前者分析结果作为 AVO 分析的最终方案。实际上，这种拼接的工区，可以针对目标区进行单个工区的 AVO 分析，这样才能从根本上解决振幅和能量的不一致这种现象。对于单个工区，如果野外采集参数不合理，我们在室内是无法解决的。

2. 因素 2：层间干扰的影响

通过对 CRP 道集进行细致分析，我们发现两地区道集目的层处层间信息比较丰富，通过利用 3×3、5×5、7×7、9×9 面元大小进行测试，利用这些由不同面元得到的共偏移距叠加剖面来去除层间干扰提高信噪比。可以看到 7×7、9×9 面元大小的共偏移距叠加剖面目的层处的层间干扰达到了最小，通过综合分析，后续工作是在 7×7 面元大小所形成的超道集上进行的。层间信息会影响正演 AVO 类型分析和最终的 AVO 结果分析，因此，道集优化对后续的结果影响很大，不容忽视。

3. 因素 3：几何扩散、透射损失的影响

几何扩散指的是震源子波远离震源点时，其振幅减小的情况。在 AVO 中，存在这个选项，目的就是考虑利用方程计算有效反射系数存在的这种影响。

　　关于是否利用几何扩散这个选项的决定并不总是那么简单，此选项对合成的主要影响是随着双程旅行时增大会引起振幅很大的降低。反对使用这个选项的依据是在处理期间针对几何扩散通常已经对实际地震数据进行了矫正，由于建立合成的主要目的是要把它与真实数据做对比，在那种情况下，在合成上这种影响应该不存在。另一方面，由于几何扩散是 AVO 中一个重要的争论的问题，因此，关于几何扩散与偏移距关系分析，对于后续 AVO 预测含气性的效果可以进行分析判别。

　　正确计算应用透射损失可能是一个极其耗时的过程，这是因为每一层反射系数都包含来自于浅层反射的透射系数的结果，为了保持计算时间合理，AVO 作了近似。

　　当利用佐普里兹方程计算反射系数 r2 时，也计算透射系数 t2，为了校正下一个反射系数 r3，所需要的是以一个与上一层透射系数 t1 微微不同的角度 t1′ 计算的透射系数 t2′，这就意味着向下通过各地层所进行的计算，可能计算累积 $t1 * t2 * \cdots$ 是有效率的，然而，其结果就引入了误差。AVO 中，我们通常对来自较深目的层之上的地层的依赖于偏移距的透射损失的影响感兴趣，如果这些地层相隔不太远，比如说旅行时小于几百个毫秒，AVO 近似将会是极其优秀的。当这些地层以旅行时计算变得相当遥远时，必须使用较大的入射角，因此，这种近似的结果将会更加注重浅层的透射损失。上述两种情况可通过能量补偿得到一定程度的解决。

4. 因素 4：道集优化仍然是难点

　　道集优化后，去噪的效果能够对 AVO 的效应产生较大的影响。目的层处基本上能满足 AVO 解释需求，但去噪较轻的优化结果，最终 AVO 效果要强于去噪较重的处理结果，因而，后续的 AVO 分析是在去噪较轻的道集上进行的，而浅层部位反演结果不能满足异常解释需求。长深 37 区块，道集优化也存在这种情况，这是一种普遍现象。目前没有办法解决，估计是浅层噪声干扰引起的，因此，道集优化仍然是难点，有待于进一步攻关。

5. 因素 5：形成超道集面元的影响

　　我们可以看到，由来自于 5×5 面元形成的全叠加剖面，振幅和构造都正常。由来自于 15×15 面元形成的全叠加剖面上的同相轴明显减少，实际上抹杀了构造。剖面上的振幅与前者全叠加剖面上的振幅也不一样，也就是说发生了畸变。再来看看各自超道集对应的反演剖面，经过认真分析、详细对比，由来自于 5×5 面元形成的超道集对应的反演剖面应用效果明显好于由来自于 15×15 面元形成的超道集对应的反演剖面。因此，面元的选取要根据实际情况合理选取，太小噪声得不到有效压制，太大会影响 AVO 类型分析和最终的 AVO 结果。

6. 因素 6：低气饱和度的影响

　　德深 7 井 3345 m 以下绿灰色英安岩 CO_2 开始占 50% 以上，通过 AVO 属性反演，在反演剖面上对应目的层处没有出现异常，通过综合分析，很有可能是低气饱和度的影响，且推测 CO_2 含量应该没有达到 70% 以上。因此，目前它仍然是 AVO 方法的一个陷阱。它可以通过三参数变化量反演来解决。

7. 因素 7：地震资料的影响

　　在处理好的超道集上，拾取目的层处顶、底界面，根据 AVO 类型分析窗口的 AVO 类型识别曲线判断为典型的四类 AVO，即实测数据与正演数据的 AVO 类型曲线一致，振幅随着偏移距增大而减小，且目的层顶处的振幅为负值。最终的反演剖面达到了预期的应用效果，目的层顶部气测异常层在剖面对应目的层处出现了异常。而存在线性干扰、面波和多次波的超道集，目的层处的 AVO 类型却是一类，最终的反演剖面目的层处没有出现预测的异常。前文论述过野外采集参数不合理在室内是无法解决的，但处理参数方面的不合理或不得当，通过采用合理的处理方案是可以解决的。

8. 因素 8：其他因素的影响

各向异性：对于 VTI 介质而言，δ、ε 都为 0.2 时，对纵、横波速度都没有影响。当 δ 为 0.1，ε 不变时，纵波速度没影响，横波速度变大；当 δ 不变，ε 变为 0.1 时，纵、横波速度都减小。对于气层而言，各向异性使 AVO 效应增强。对于水层而言，各向异性使 AVO 效应减弱。如果测井测了各向异性参数，这时各向异性的影响 AVO 分析是可以解决的。

子波的调谐效应，也就是储层厚度的影响：当气层厚度逐渐减薄时，目的层处顶界面由波谷逐渐变为波峰，也就是说气层的 AVO 类型发生了变化。此种影响目前还无法解决。

当然，还有偏移距变量相位误差、岩性组合、储层内流体类型等也会影响到 AVO 类型和最终的 AVO 结果，在这里不加以详细探讨。

6.2.2　应用研究

1. 总体思路

建立 AVO 含气性响应地震识别模板。纯烃类气响应特征，代表井为德深 17 井，目的层处为灰色英安岩，其上为碎屑岩，营城组厚 1135 m，孔隙度为 5% ~ 8%，渗透率为 0.02 ~ 0.5 mD，为低孔低渗、特低渗储层，构造裂缝相对发育，这是其产气的主要原因。在剖面上的表现特征为弱振幅、不连续反射，为典型的二类 AVO 特征。混合气响应特征，代表井为长深 1 井，目的层处为流纹质晶屑凝灰岩、流纹岩，其上部为登娄库组碎屑岩，营城组厚 365.8 m，孔隙度为 6.6%，渗透率为 0.05 mD，为低孔特低渗储层。在剖面上的表现特征为强振幅、高连续反射，为典型的三类 AVO 特征。纯 CO_2 气响应特征，代表井为德深 7 井，目的层处为绿灰色英安岩，其上为营二段的碎屑岩，营城组厚 1393 m，孔隙度为 5.63%，渗透率为 2.53 mD，为低孔高渗储层。在剖面上的表现特征为与围岩相比相对强的振幅，为典型的一类 AVO 特征。干扰响应特征，代表井为长深 104 井，目的层处为绿灰色粗砂岩，登娄库组厚 436 m，孔隙度为 0.1% ~ 3.3%，渗透率为 0.021 ~ 0.032 mD，为低孔特低渗储层。在剖面上的表现特征为强反射、中—高连续，为典型的一类 AVO 特征。这样我们就可以应用类比方法来研究长深 801 井和长深 37 井区块，尤其是长深 37 井区块的 AVO 研究。

2. 岩石物理分析

首先，加载测井曲线，以剖面形式显示、浏览并分析曲线，根据井径曲线结合其他曲线综合分析，判断是井眼垮塌还是泥浆侵入影响，采取相应的措施进行环境校正。岩心深度归位、井场噪声对纵波时差的影响，软地层对横波时差的影响以及多井一致性问题等都需要进行校正。然后进行常规测井解释和最优化测井解释并对其进行质控，合格后建立岩石物理模型，正演合乎质量要求的纵波、横波及密度曲线等，为 AVO 分析提供高质量的测井曲线及其他的叠前叠后参数。

另外，由于是致密气储层，岩石物理分析又有别于常规的岩石物理工作。

一般来说，入射角大于 25°时，AVO 差异才会逐渐变得明显。经过对道集质控、偏移距和入射角仔细分析，长深 801 区块目的层入射角为 29°~27°，偏移距为 4000~4200 m，该工区道集的最大入射角为 53°，最大偏移距为 4700 m。长深 37 区块目的层入射角为 35°~32°，偏移距为 3300~3700 m，该工区道集的最大入射角为 43°，最大偏移距为 4700 m。两工区目的层顶面埋深分别为 4544 m、4465 m，最大偏移距与目的层顶面埋深之比小于 1.1，因此，不完全满足 AVO 分析的基本条件，但综合考虑也还是具有一定的分析价值。

3. 背景速度分析

主要是地震速度与井速度分析，可以平面检查也可以以剖面方式检查。下面详细介绍一下剖面检查的过程，首先将速度以剖面形式显示，将对应的测井曲线速度滤波到地震频带的低频范围内，检查地震的层速度与对应井的层速度是否一致、是否存在奇值点。然后以同样的方法，将地震的 V_p 与 V_s 比和测井的 V_p 与 V_s 比也以剖面形式显示，分析方式同上。如不符合要求，重新进行速度谱解释和关于测井的岩石物理分析工作。

通过分析，发现原始道集中不存在线性干扰、面波和多次波，只存在随机干扰，为此采取试验分析的手段，在原始道集基础之上，利用 3×3、5×5、7×7、9×9 的面元进行测试，由这些不同面元形成的共偏移距叠加剖面来提高信噪比压制随机噪声，然后由上面的五个道集分别做出最终的 AVO 分析结果。在上面的五个道集基础之上，分别作偏移距比例分析，再利用得到的新的五个道集，分别做出最终的 AVO 分析结果。再与前面的五个 AVO 分析结果分别对比分析，通过质控，以 7×7 面元并做了偏移距比例分析的超道集得到的最终 AVO 分析结果效果最佳。综合考虑，长深 37 区块最终选择 7×7 面元且作了偏移距比例分析的超道集作为后续 AVO 分析的数据。

正演分析十分重要，占整个 AVO 分析工作量的大部分。根据正演分析判断 AVO 类型，设计 AVO 的处理方案，是联系地震与地质的桥梁和纽带。可用来研究 AVO 类型与油气之间的关系。另外，应根据井目的层处的实际情况，选取合适的模拟方法，本次选择佐普里兹方程模拟。

首先，对长深 37 区块的长深 17 井进行正演分析，根据拾取目的层处的 AVO 类型曲线判断为典型的四类，反演剖面目的层处也出现了异常且与四类特征一致，与该井的试气状况比较吻合。对未知井点长深 37 营城组目的层处的四个同相轴分别进行拾取，判断为典型三类 AVO；又对长深 801 区块的长深 801 井沙河子组目的层处的三个同相轴和楔形体底部的同相轴进行正演分析，由上往下分别为四、三、二、四类，与试气状况也基本吻合。上述各自 AVO 类型在其对应的近角剖面和远角剖面或近、中、远道叠加剖面上表现形式完全符合各自的 AVO 类型特征。

在上述工作准备就绪之后，就可以进行属性反演。属性提取包括截距、梯度、曲度、比例泊松比变化、烃类指示因子、流体因子及极化矢量分析等。这些属性数据体可以像地震数据体一样进行交汇分析。对于每一个油气田和油气藏来说，一些 AVO 属性会好于储层检测、模型及模拟的属性。属性提取是一项重复烦琐的工作，每提取一次属性就要对单剖面目的层及过该单剖面井的对应正演分析目的层的 AVO 类型进行一致性分析，如果一致，并且单剖面属性异常分布符合地质规律，属性提取结束。否则，继续提取，直到剖面上目的层 AVO 类型与过该剖面井的对应目的层 AVO 类型一致为止。然后用该剖面属性提取的参数去提取全区属性。

通过交会图可以绘制一种地震属性与另一种地震属性，并分析这些属性之间的关系。由于 AVO 类型与油气关系密切，因此，可以用一条测线上的截距与梯度交汇分析 AVO 类型，也可用来质控过该剖面井上的正演分析结果，相互验证。经上述分析，长深 801 区块沙河子组气藏类型主要以四、三、二、四类为主。长深 37 区块营城组气藏类型主要以四、三类为主。

长深 801 区块主要目的层为沙河子组，目的层顶部和底部是厚层灰黑色泥岩，中部是砾岩、凝灰岩与泥岩互层。隔层岩性较纯，为暗色泥岩。储层较厚，为砾岩与凝灰岩。岩心孔隙度 0.3%~1.1%，渗透率 0.01~0.17 mD，属低孔低渗或特低渗致密储层。地震资料分辨率低，主频约 22 Hz，目的层埋深 4544~4768 m，压力梯度 0.4 MPa/100 m，岩石可钻性 1.64~2.04，为正常压实地层。

长深 37 区块主要目的层为营城组，其上段以火山岩为主，夹两层碎屑岩，火山岩主要为安山岩、凝灰岩、玄武岩，其次为角砾凝灰岩；下段为角砾凝灰岩、玄武岩、英安岩、凝灰岩、安山岩、集块岩。储层主要为火山岩，较厚，无隔层。总孔隙度 0.5%~10%，平均 3%~5%。地震资料分辨率低，主频约 30 Hz，目的层埋深 4464~5630 m，压力梯度 1.73 MPa/100 m，岩石可钻性 1.238~2.971，为正常压实地层。

上述这些特点给 AVO 正演研究及岩石物理分析带来各种难度，且深层的地震资料分辨率低，因此，深层的 AVO 分析，只能根据气测异常及试气状况，以砂组为单元进行正演研究。由于是致密气储层，因此，岩石物理分析又有别于常规的岩石物理工作。

建立 AVO 含气性响应地震识别模板。纯烃类气响应特征代表井为德深 17 井，目的层处为灰色英安岩，其上为碎屑岩，营城组厚 1135 m，孔隙度为 5%~8%，渗透率为 0.02~0.5 mD，为低孔低渗、特低渗储层，构造裂缝相对发育，这是其产气的主要原因。在剖面上的表现特征为弱振幅、不连续反射，为典型的二类 AVO 特征。混合气响应特征代表井为长深 1 井，目的层处为流纹质晶屑凝灰岩、流纹岩，其上部为登娄库组碎屑岩，营城组厚 365.8 m，孔隙度为 6.6%，渗透率为 0.05 mD，为低孔特低渗储层。在剖面上的表现特征为强振幅、高连续反射，为典型的三类 AVO 特征。纯 CO_2 气响应特征代表井为德深 7 井，目的层处为绿灰色英安岩，其上为营二段的碎屑岩，营城组厚 1393 m，孔隙度为 5.63%，渗透率为 2.53 mD，为低孔高渗储层。在剖面上的表现特征为与围岩相比相对强的振幅，为典型的一类 AVO 特征。干井响应特征代表井为长深 104 井，目的层处为绿灰色粗砂岩，登娄库组厚 436 m，孔隙度为 0.1%~3.3%，渗透率为 0.021~0.032 mD，为低孔特低渗储层。在剖面上的表现特征为强反射、中—高连续，为典型的一类 AVO 特征。这样我们就可以应用类比方法来研究长深 801 和长深 37 区块。

通过 AVO 分析研究，在长深 801 区块，从反演剖面上看，对应目的层处出现了异常，但这个异常却对应井上目的层处上部的气测异常层，对应地震剖面目的层处第一个同相轴。井上目的层处下部的气测异常层，在反演剖面对应目的层处没有出现异常，从前面的影响因素探讨可推测这应该是几何扩散导致的。沿着楔形体顶部与底部的层位提取异常属性并且制作平面图可见，长深801井位于异常的边缘部位，与属性剖面完全对应。从极化矢量积正演剖面可看到，正演的异常对应井上目的层处上部的气测异常层、地震剖面目的层处第一个同相轴，长深801井目的层处下部的气测异常层并没有正演出来。正演属性和反演属性剖面完全一致，这是必然的。因此，在现有资料情况下，反演结果达到了预期应用的效果。长深37区块有一口探井，营城组下段目的层气测异常层，在对应反演剖面目的层处出现了预测的异常，沿着全区解释的火山岩顶界面层位提取异常属性并制作平面图可见，长深17井位于异常边缘部位，与属性剖面完全对应。属性剖面的异常与地震剖面的振幅也是一致的。因此，反演结果达到了预期应用的效果。另外，该井位于古构造图上次级洼陷的边缘部位，推测可能是它产气的主要原因。

参 考 文 献

操应长.1999.山东惠民凹陷商741块火成岩油藏储集空间类型及形成机理探讨.岩石学报,15(1):
　　129-136.

陈钢花,吴文圣,王中文,等.1999.利用地层微电阻率成像测井识别裂缝.测井技术,23(4):279-281.

陈力群,汪中浩,刘海军,等.2008.西北缘地区石炭系火成岩常规测井裂缝识别研究.国外测井技术,
　　(6):35-38.

冯志强,刘嘉麒,王璞珺,等.2011.油气勘探新领域:火山岩油气藏——松辽盆地大型火山岩气田发现的
　　启示.地球物理学报,54(2):269-279.

郭彦民,裴家学,赖鹏,等.2016.陆西凹陷特殊储层地震预测方法探讨.断块油气田,23(4):451-454.

郭振华,王璞珺,印长海,等.2006.松辽盆地北部火山岩岩相与测井相关系研究.吉林大学学报(地球科
　　学版),36(2):207-214.

黄薇,印长海,刘晓,等.2006.徐深气田芳深9区块火山岩储层预测方法.天然气工业,26(6):14-17.

姜传金,卢双舫,张元高.2010.火山岩气藏三维地震描述——以徐家围子断陷营城组火山岩勘探为例.
　　吉林大学学报(地球科学版),40(1):203-208.

李军,薛培华,张爱卿,等.2008.准噶尔盆地西北缘中段石炭系火山岩油藏储层特征及其控制因素.石
　　油学报,29(3):329-335.

李军,张军华,韩双,等.2015.火成岩储层勘探现状、基本特征及预测技术综述.石油地球物理勘探,
　　50(2):382-392.

李明,邹才能,刘晓,等.2002.松辽盆地北部深层火山岩气藏识别与预测技术.石油地球物理勘探,
　　37(5):477-484.

李彦民,李艳丽,赵徽林,等.2002.深层火山岩储集层定量预测方法的探讨.石油地球物理勘探,37(2):
　　175-179.

刘财,杨宝俊,王兆国,等.2011.大兴安岭西北部中新生代盆地群基底电性分带特征研究.地球物理学
　　报,54(2):415-421.

刘启,舒萍,李松光.2005.松辽盆地北部深层火山岩气藏综合描述技术.大庆石油地质与开发,24(3):
　　21-23.

刘万洙,陈树民.2003.松辽盆地火山岩相与火山岩储层的关系.石油与天然气地质,24(1):18-23.

刘为付,刘双龙,孙立新.1999.莺山断陷侏罗系火山岩储层特征.大庆石油地质与开发,18(4):9-11.

刘为付,朱筱敏.2005.松辽盆地徐家围子断陷营城组火山岩储集空间演化.石油实验地质,27(1):
　　44-49.

罗静兰,邵红梅,张成立.2003.火山岩油气藏研究方法与勘探技术综述.石油学报,24(1):31-38.

任作伟,金春爽.1999.辽河坳陷洼609井区火山岩储集层的储集空间特征.石油勘探与开发(4):54-56.

单玄龙,迟元林,万传彪,等.2002.火山岩与含油气盆地.长春:吉林科学技术出版社.

单玄龙,罗洪浩,张洋洋,等.2011.松南长岭断陷火山岩亚相约束下的气层测井识别评价.地球物理学
　　报,54(2):508-514.

舒萍,曲延明,王国军,等.2007.松辽盆地火山岩储层裂缝地质特征与地球物理识别.吉林大学学报(地
　　球科学版),37(4):726-733.

唐华风,崔凤林,王璞珺,等.2009.地质模型约束下火山岩储集层地震识别.新疆石油地质,30(5):
　　563-565.

唐华风,庞彦明,边伟华,等.2008.松辽盆地白垩系营城组火山机构储层定量分析.石油学报,29(6):
　　841-845.

唐华凤, 王璞珺, 姜传金, 等. 2007. 松辽盆地白垩系营城组隐伏火山机构物理模型和地震识别. 地球物理学进展, 22(2): 530-536.

万玲, 孙岩, 魏国齐. 1999. 确定储集层物性参数下限的一种新方法及其应用——以鄂尔多斯盆地中部气田为例. 沉积学报, 17(3): 454-457.

王璞珺, 吴河勇, 庞颜明, 等. 2006. 松辽盆地火山岩相: 相序、相模式与储层物性的定量关系. 吉林大学学报: 地球科学版, 36(5): 805-812.

王璞珺, 衣健, 陈崇阳, 等. 2013. 火山地层学与火山架构: 以长白山火山为例. 吉林大学学报: 地球科学版, 43(2): 319-339.

王璞珺. 2001. 事件沉积: 导论·实例·应用. 长春: 吉林科学技术出版社.

王仁冲, 徐怀民, 李林, 等. 2009. 用地震方法研究滴西地区石炭系火山岩储集层. 新疆石油地质, 30(1): 49-52.

王拥军, 闫林, 冉启全, 等. 2007. 兴城气田深层火山岩气藏岩性识别技术研究. 西南石油大学学报(自然科学版), 29(2): 78-81.

吴兴能, 刘瑞林, 雷军, 等. 2008. 电成像测井资料变换为孔隙度分布图像的研究. 测井技术, 32(1): 53-56.

闫林辉, 高兴军, 阮宝涛, 等. 2014. 火山岩气藏气水层测井识别图版的建立及应用. 天然气勘探与开发, 37(4): 20-24.

杨辉, 文百红, 张研, 等. 2009. 准噶尔盆地火山岩油气藏分布规律及区带目标优选——以陆东一五彩湾地区为例. 石油勘探与开发, 36(4): 419-427.

杨金龙, 罗静兰, 何发歧, 等. 2004. 塔河地区二叠系火山岩储集层特征. 石油勘探与开发, 31(4): 44-47.

杨绍国, 周熙襄. 1994. Zoeppritz 方程的级数表达式及近似. 石油地球物理勘探, (04): 399-412.

伊培荣, 彭峰, 韩芸. 1998. 国外火山岩油气藏特征及其勘探方法. 特种油气藏, (2): 65-70.

余淳梅, 郑建平, 唐勇, 等. 2004. 准噶尔盆地五彩湾凹陷基底火山岩储集性能及影响因素. 地球科学, 29(3): 303-308.

张程恩, 潘保芝, 张晓峰, 等. 2011. FMI 测井资料在非均质储层评价中的应用. 石油物探, 50(6): 630-633.

张殿成, 何德友, 尚广弟, 等. 2000. 松辽盆地汪家屯东火山岩储层预测. 石油物探, 39(2): 36-43.

张庆国, 卢颖忠. 1995. 风化店火山岩油藏裂缝识别研究. 西北大学学报: 自然科学版, (6): 693-696.

张永忠, 王多云, 何顺利. 2009. 大庆兴城南部火山岩储层发育控制因素. 现代地质, 23(4): 724-730.

张芝铭, 张明学, 胡玉双. 2015. 叠前反演预测火山岩储层——以莺山-双城断陷为例. 地球物理学进展, 30(2): 621-627.

张子枢, 吴邦辉. 1994. 国内外火山岩油气藏研究现状及勘探技术调研. 天然气勘探与开发(1): 1-26.

赵澄林, 刘孟慧, 胡爱梅, 等. 1997. 特殊油气储层. 北京: 石油工业出版社.

赵海燕. 2000. 火成岩裂缝识别方法研究与探讨. 吐哈油气, (1): 66-70.

赵立昱, 陈家敏, 王学良. 2001. 青龙台地区火山岩成藏特征研究及储层预测. 特种油气藏, 8(1): 53-56.

郑晓东. 1991. Zoeppritz 方程的近似及其应用. 石油地球物理勘探, 26(2): 129-144.

朱如凯, 毛治国, 郭宏莉, 等. 2010. 火山岩油气储层地质学——思考与建议. 岩性油气藏, 22(2): 7-13.

庄博. 1998. 火成岩储集层的地震识别方法探讨: 以罗家地区为例. 复式油气田, (4): 27-31.

邹才能, 赵文智, 贾承造, 等. 2008. 中国沉积盆地火山岩油气藏形成与分布. 石油勘探与开发, (3): 841-845.

Aki K, Richards P G. 1980. Quantitative seismology: W. H. Freeman.

Bakker P. 2002. Image structure analysis for seismic interpretation. Delft University of Technology.

Bakker P. 2002. Image structure analysis for seismic interpretation. Delft University of Technology.

Colombo D, Keho T, Janoubi E, et al. 2011. Sub-basalt imaging with broadband magnetotellurics in NW Saudi Arabia: Seg Technical Program Expanded.

Colombo D, Keho T, Janoubi E, et al. 2011. Sub-basalt imaging with broadband magnetotellurics in NW Saudi Arabia. Seg Technical Program Expanded, 56(14): 619-623.

Contreras A, Torres-Verdín C. 2006. Sensitivity analysis of factors controlling AVA simultaneous inversion of 3D partially stacked seismic data: application to deepwater hydrocarbon reservoirs in the central Gulf of Mexico. Geophysics, 72(72): 19.

Contreras A, Torres-Verdín C. 2006. Sensitivity analysis of factors controlling AVA simultaneous inversion of 3D partially stacked seismic data: application to deepwater hydrocarbon reservoirs in the central Gulf of Mexico. Geophysics, 72(72): 19.

Dubucq D, Busman S, Riel P V. 2001. Turbidite reservoir characterization: Multi-offset stack inversion for reservoir delineation and porosity estimation: A golf of guinea example. Seg Technical Program Expanded Abstracts, 20(1): 2135.

Eidsvik J, Avseth P, Omre H, et al. 2004. Stochastic reservoir characterization using prestack seismic data. Geophysics, 69(4): 978.

Hampson D P, Russell B H, Bankhead B. 2005. Simultaneous Inversion of Pre-stack Seismic Data. Seg Technical Program Expanded Abstracts, 24(24): 1633.

Hawlader H M. 1990. Diagenesis and reservoir potential of volcanogenic sandstones—Cretaceous of the Surat Basin, Australia. Sedimentary Geology, 66(3): 181-195.

Hawlader H M. 1990. Diagenesis and reservoir potential of volcanogenic sandstones—Cretaceous of the Surat Basin, Australia. Sedimentary Geology, 66(3): 181-195.

Lisle R Y J. 1994. Detection of zones of abnormal strains in structures using Gaussian curvature analysis. Aapg Bulletin, 78(12): 1811-1819.

Luo Y, Kelamis P G, Wang Y. 2003. Simultaneous inversion of multiples and primaries: Inversion versus subtraction. Leading Edge, 22(9): 814-891.

Marfurt K J, Farmer S L, Bahorich M S, et al. 1998. 3-D seismic attributes using a semblance-based coherency algorithm. Geophysics, 63(4): 1150.

Marfurt K J. 2006. Robust estimates of 3D reflector dip and azimuth. Geophysics, 71(4): 29.

Mathisen M E, Mcpherson J G. 1991. Volcaniclastic deposits: implications for hydrocarbon exploration, 27-36.

Mathisen M E, Mcpherson J G. 1991. Volcaniclastic deposits: implications for hydrocarbon exploration. Special Publications: 27-36.

Mitsuhata Y, Matsuo K, Minegishi M. 1999. Magnetotelluric survey for exploration of a volcanic-rock reservoir in the Yurihara oil and gas field, Japan. Geophysical Prospecting, 47(2): 195-218.

Pendrel J, Debeye H, Pedersen-Tatalovic R, et al. 2000. Estimation and interpretation of P and S impedance volumes from simultaneous inversion of P-wave offset seismic data. Seg Expanded Abstracts, 30(505): 146.

Pinnegar C R, Mansinha L. 2003. The S-transform with windows of arbitrary and varying shape. Geophysics, 68(10): 381.

Randen T, Monsen E, Signer C, et al. 1949. Three-dimensional texture attributes for seismic data analysis: Seg Meeting.

Savic M, Verwest B, Masters R, et al. 2000. Elastic impedance inversion in practice. Seg Technical Program

Expanded Abstracts, 19(1): 689.

Seemann U. 1984. Volcaniclastics as Potential Hydrocarbon Reservoirs. Clay Minerals, 19(3): 457-470.

Shuey R T. 1985. A simplification of the Zoeppritz equations. Geophysics, 50(50): 609-614.

Sun D, Zhang F, Gao J, et al. 2015. Fractured Volcanic Reservoir Characterization: A Case Study in the Deep Songliao Basin: Spe Technical Conference and Exhibition.

Zhang J, Sun Z, Sun Y, et al. 2009. Identification and quantitative characterization of igneous rocks: Method and application in the north Huimin Sag. Seg Technical Program Expanded.